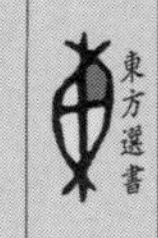

大地からの中国史

——史料に語らせよう

大澤正昭

東方書店

まえがき

本書のキーワードは大地と中国史です。その大きなねらいをまず説明しましょう。中国の黄色い大地は有名です。けれども印象的な赤色の大地もありますし、江南の緑に覆われた大地もあります。それらの大地の恵みは中国の人々を育み、家族を支え、さらには国家の基盤となってきました。大地の恵みはいわば通奏低音のように常に歴史の底部で鳴り響いていたのです。けれども通奏低音は、チェンバロやバイオリンのようなきらきら輝く音ではなく、聴衆にはとくに意識されません。でも、もしこの低音がなくなったとすれば、楽曲は奥行きのない、退屈なものになってしまうでしょう。大地の恵みとはこのような存在だと思います。

この恵みは、大地に対する農の営みによって生み出される作物群であり、樹木類でありまた家畜群でもあります。人びとの衣・食・住はすべてこれらに頼ってきました。この人間と大地との関係を時間軸のなかで考えようとするのが農業史の研究です。そうして本書は農業史の視点から中国史をとらえようとする試みです。いわゆる概説書ではありますが、政治や官僚制などはまったく出てきません。また英雄や豪傑の物語を期待される方も、この本を書架へお戻しください。少し珍しい中国史、あるいは農業や食べものに興味があるという方は、どうぞこの本の世界をのぞいてみてください。今日の晩ごはんに何を食べようかと、ちょっとだけ考えはじめるかもしれません。

◈農業史の「概説」って？

さて私が想定する読者の対象は、大学の受験生・新入生から一般の社会人です。歴史の概説書というと、ふつうは政治史や制度史をメインに据えます。政治史とは、誤解を恐れずにいえば、王朝・国家の内部の、きわめて限られた範囲の皇帝・官僚たちの動向です。そうした少数者が国家の権力を握っており、徴税や戦争など一般の人々の生存を左右する政治をおこなうのです。ですから、そうした国家の本質を描き出し、その成り立ちに迫ろうとする概説書なら、それは歴史研究者にとってきわめて重要な課題です。このような鋭い問題意識をもって書かれた概説ももちろん多く存在します。たとえば渡辺信一郎氏の『天空の玉座』『中華の成立』、足立啓二氏の『専制国家史論』などはぜひお読みいただきたい成果です。けれども私の興味は国家や政治史の対局にある、圧倒的多数の人々、とくに大地に足をつけて生きてきた農民とその営みに向けられています。国家に対置される農民の歴史、これも重要な研究課題だと考えます。

彼らは〈愚民〉として支配され、抑圧されてきましたが、食糧・衣料の生産によって、皇帝や官僚たちが動かす国家全体を支えていました。農民がいなければ国家の歴史はなかったのです。ですが、彼らの歴史はほとんど注目されません。そうして当然、支配されてきた彼らに関する史料は多くありません。また彼らはいわゆる歴史のロマンなどとはもっとも縁遠い存在です。けれどもこの視点で研究を続けてゆくとさまざまな発見があります。これまでの歴史像とはかなり異なる歴史がみえてきます。この支配される側からみた歴史というテーマは、きわめて〈個人的な感想〉ではありますが、相当に魅力的だと思っています。私はさきに『妻と娘の唐宋時代』という本を書きました。その主人公は差別され、抑圧されていた女性たちでしたが、その史料に描かれた実態は、思い込みや虚像を打ち破るものがありました。差別・抑圧された側からみれば、いままでみえていなかった事実が浮かび上がってくるのです。本書はこれと通じる視点をもって研究した成果です。

中国の農業史というテーマの概説ですから、日本では類書がないと思います。もちろん専門書では天野元之助氏の『中国農業史研究』という巨大な研究書があり、私も座右の書として大切にしています。しかしこの本は専門書ですので、学説史の知識や漢文史料の読解力が必要になります。一般の人にはなかなか読みこなすことができません。農業という、人間に身近なテーマで、日々の食料に直結する問題を扱っており、とても興味深い研究なのに、もったいないことです。そこでもっと読みやすい本が必要だとずっと考えてきました。そうして私の農業史研究も深まってきたので、その成果をわかりやすくアピールしたいという思いが募ってきました。となると最先端の専門研究をわかりやすく、読みやすく書かねばなりません。これが難しい課題なのですが、私のこれまでの研究成果を見渡しながら、なんとか苦労して書き上げました。

◈なぜ農業史なの?

〈いま〉という時点で、このような農業史の本を書くのはなぜでしょう。簡単に述べておきます。

このところ世界の農業をめぐる話題が連日ニュースになっています。とくに二〇二二年から続く、ロシアによるウクライナ侵略がその契機でした。ここで明らかになった世界の食糧需給関係は、私たちの目の前に危うい現実が存在する事実を突きつけました。たとえばウクライナから輸出されるコムギやトウモロコシの流通が妨害されたことによって、世界各地で食糧価格の高騰が起こりました。わが家がご贔屓にしているパン屋さんでも商品の値段が上がり、気のせいかお客の数も減ったようです。先進国ではまだ何とか価格を抑えていますが、アフリカ諸国では深刻な食糧危機を迎えているといいます。北のロシアの侵略行動が遙か南のアフリカで食糧危機を引き起こしているのです。これはいわゆる国際的分業の経済構造がもたらした結果です。簡単にいうと、たとえば食糧・原料の生産国と自動車など工業製品の生産国が役割分担しようという国際的な分業体制論です。この過程で後者の先進国が富を蓄積してきました。こうして先進国はその経済力を背景に食糧を買いつけることができ、発展途上国は食糧難に直面しています。でもその裏側をみると先進国は自国での食糧生産を軽視してきました。日本も食糧自給率が下がり続け、いまでは四割に届きません。かつて作家の井上ひさしさんは「いざとなったときに自動車が食えるのか?」と問題を投げかけ、日本の稲作、食糧生産を守れと訴えていました(『コメの話』など)。また農民作家として多くの作品を発表された山下惣一さんも農村の現実を告発しながら、農業の大切さを訴えました(『土と日本人』『村に吹く風』など)。私もこれに大いに励まされ、三〇年前に蟷螂(カマキリ)の斧にも及ばない『陳旉農書の研究』を刊行しました。これはいうまでもなく専門書でしたが、この本を通じて、まずは自分の食べているものにもっと関心をもとう、食べているものの成り立ちを知ろうと呼びかけてきたつもりです。ですがまったく私の見当はずれで、『陳旉農書』という無名の本に関する研究など見向きもされませんでした。出版社さんにはご負担をおかけしてしまいました。

とはいえこの本の出版に苦労するなかで、私の主張はしっかり固まりました。ある食品会社のコマーシャルに「人間の身体は食べたものでできている」というのがありますが、これはひとつの真理だと思うようになりました。私たちの身体は間違いなく食べものによってつくられてきたのです。ですから自分の人生を考え、よりよく生きようとするなら、何といっても食べものから出発しなければならないのです!と力説すると、ちょっと飛躍しているかなとは思いますが。でも、自分が生きている〈いま〉を知るために、歴史学の立場から〈食べもの〉に迫ってみたいという思いはいっそう募りました。これが私の農業史研究の最大のねらいです。

◈今朝、なに食べた？

もう少し具体的な課題を述べてみましょう。

今朝あるいは昨夜の食事に何を食べたか覚えていますか。突然聞かれても、思い出せないかもしれません。実は日記をつけている私も、昨夜食べた料理を思い出せないことがあります。年齢のせい？　かどうかご想像におまかせします。でも主食ならはっきりいえます。朝食、夕食ともにご飯でした。ついでにいえば昼食はパンでした。多くの読者の方もあまり大差がないでしょう。ではその材料は何か。もちろん稲の実であるコメか、コムギの実の粉か、あるいは日本蕎麦ならソバの実の粉などの穀類です。それではこれらの穀類は今も昔も同じものだったでしょうか。たとえば柿本人麻呂や源頼朝あるいは徳川家康が食べていたコメは同じだったのかと聞かれれば、もちろんそんなことはないと答えるでしょう。ならばどう違うのか。人麻呂は玄米で家康は精白米だっただろうというくらいのことは想像できます。人麻呂は古代の人だから赤米（あかまい）だったかも、と考えた方はかなりの知識をおもちです。もう一歩進めて、その赤米はジャポニカ種だったのか、インディカ種だったのかとなるとかなり難しい問題になります（ちなみに私が毎日食べているのはジャポニカ種の白米で、玄米ではなく精米です）。これは日本のみならずアジアのコメつまり稲の歴史を勉強しないと正解には近づけません。そう、食べものには歴史があり、それを研究しなければ、いま私たちが食べているものの素性がつかめないのです。

◈中国四千年の味？

コムギを例にあげましょう。だいぶ以前のインスタント・ラーメンの宣伝コピーで「中国四千年の味〇〇ラーメン」というのがありました。四〇〇〇年前といえば紀元前二〇〇〇年ですので殷王朝より古い時代で、甲骨文字が現れる前になります。その時代から続く味というのですから、驚くほどスケールの大きいコピーです。しかし残念ながら、四〇〇〇年前の中国にはラーメンはありませんでした。ラーメンどころか原料のコムギ粉がありませんでした。コムギが碾き臼とともに西方から伝来したのは漢王朝成立以前つまり紀元前三世紀よりいくらか前の話です。おそらく孔子さまもコムギ粉料理は食べたことがなかったはずです。始皇帝なら食べた可能性はありますが。とするとラーメンはいつできたのか。日本食として中国にも進出しているラーメンは別として、コムギ粉食品のうどんや蒸しパンや饅頭（包子）のようなコムギ粉料理が広く普及したのは唐代（六一八〜九〇七年）でした。本書の三章で詳しく述べますが、コムギの実を粉に碾いて水を混ぜ、その生地を茹でたり、蒸したり、焼いたりして食べる料理が流行したのです。これを「餅」と総称し、調理法によって蒸餅・焼餅・湯餅などとよんでいました。いずれも日本語のモチとはまったく違う食品です。それ以前はアワや大麦など、日本では雑穀に分類される穀類が主流でしたが、おそらく味が良く幅広く調理できる素材としてコムギが選択されていったのです。そこで、あえてラーメンという言葉を使って正しいコピーを作れば、「（せいぜい）千五百年の味〇〇ラーメン」ということになります。このようにコムギ粉食品には歴史がありました。それはとりもなおさず、コムギという作物の歴史でもあります。

◈作物を育てる

ここまで述べてきたのはコメとコムギという作物です。この作物という言葉からわかるように、たとえば人々は野生植物だったイネを栽培化して改良し、現在のコメを「作って」きたのです。作物の歴史は人間が食糧を得るために積み重ねてきた、植物への働きかけの足跡でもあります。できるだけたくさん食糧を収穫して生命を繋ぐだけでなく、飢えの心配がなく、心楽しく生きていけるよう工夫してきた歴史、その基本を研究するのが農業史です。ではどの地域の農業を考えればよいのか。私は日本人ですから日本のことを考えればよいように思われがちですが、そうではありません。いまの日本の作物はきわめて国際的な存在なのです。というか日本発祥の作物はほとんどないようです。イネやコムギは次に書きますが、青葉高氏の研究によればいまの野菜はほとんどが伝来した品種だとのこと（『野菜』）。作物の歴史を研究するためには地球規模の視野が必要になります。

◈イネ・コムギの伝来

ご承知の通り私たちの主食であるコメ・コムギはいずれも中国から伝来しました。それらの経緯についての研究はたくさんあり、佐藤洋一郎氏のイネに関する研究はよく知られています（『イネが語る日本と中国』『稲の日本史』など)。イネは長江流域で栽培化され、弥生時代以前に江南から伝わりましたし、コムギは奈良・平安時代のころに北部中国から伝来し、日本人に受け入れられてきました。コムギの発祥の地はイラン高原周辺だとされていますので、そこから東・西に伝わり、中国に到達していたのです。その伝来の道筋は作物学や考古学の発掘によって跡付けられています。日本へのコムギ伝来の足跡にかかわる話があります。コムギ粉で作った古代の菓子が京都の老舗菓子匠・亀屋清永に継承されています。唐菓子(からくだもの)の「清浄歓喜団」という名前で売られており、毎月二回、清水寺に献上するそうです。香ばしく複雑な味わいの、おいしい揚げ菓子です。価格が伝統に比例しているのが少々残念なのですが、食べてみる価値はあります。

それはともかく、私たちの主食であるイネ・コムギは中国江南あるいはイランから中国経由で入ってきました。とすると、さしあたってはかつての先進国・中国の穀類の歴史を知らねばなりません。そのために中国農業史の研究成果が求められます。ただし農業というのは穀類だけを育てる仕事ではありません。大地から収穫できる作物はさまざまで、野菜や果物はもちろん、衣服を作るための作物である麻や綿など、それから絹織物を作るための蚕蛾(カイコガ)の餌となる桑もそうです。さらにいえば、住居を作るための材木となる樹木も育てなければなりませんし、人間の心を癒す花卉類を栽培することも農業です。このように人間が生きて行くために必須の作物を栽培する営みが農業です。したがって本書では中国の穀類栽培に関連する話が主ではありますが、必要に応じて野菜・茶や桑にも視野を広げています。

ここで大急ぎで付け加えますと、近代以前の農業はいうまでもなく有機栽培です。化学肥料や化学薬品である殺虫剤・除草剤は使いません。自然に存在する材料を使って作物を育て、人間や家畜の食糧・飼料とします。さらにその排泄物を作物に施して肥料にします。いわゆる自然と人間の循環関係によって私たちは生き続けてきました。こうした永遠に循環を続けることができる営みが農業です。これはいま注目されているＳＤＧｓの課題に正面から応えるもので、農業史研究はきわめて現代的な課題を追究する分野でもあります。

◈本書の視点

以上のように考えてくれば本書のねらいがおわかりいただけたと思います。あらためて見ましますと、中国史をテーマとして書かれた一般書はたくさんあります。しかしそのほとんどは政治史が主体で、それに制度史や文化史の問題などが述べられています。繰り返しになりますが、これらは中国を統治した王朝や官僚たちの歴史です。中国史の史料の多くはこうした統治する側の人びとが書き残したものですから、それに基づいて歴史叙述を展開すれば、当然統治者の視点になります。たとえば北宋の司馬光が書いた『資治通鑑（しじつがん）』という名著があります。私の先輩たちは、宋代に至るまでの歴史を研究するなら、まずこの本を熟読しなさいといわれたそうです。私も論文を書く際にたいへんお世話になりました。あらためてこの書名の意味を訓読してみますと「治に資する通鑑」つまり「統治に資するための通史」となります。ということは皇帝に献上して政治の役に立ててもらうための歴史書でした。歴史は現在を映し出す鑑(つまり鏡)ですので、その鏡をしっかりみて、良い政治をおこなうのが皇帝の務めとされていました。

◈レベルが低い研究？

このような歴史学の書籍に対して、本書は農業を考える本だというのですから、まったく逆の視点です。大地にすがりついて生きてきた人々の視点、下からの視点になります。そこで思い出したお話があります。

私の指導教官だった佐藤長(ひさし)先生が定年になって退官されたとき、祝賀パーティが開かれました。佐藤先生はチベット史の大家で、優れた業績を残しています。このとき祝辞に立ったのは、本書にも登場する農業史の米田賢次郎氏でした。開口一番こう話されました。佐藤先生の業績は世界で一番レベルが高いが、私の研究は一番レベルが低いのです、と。これは研究対象を題材にしたジョークで、チベット史は世界で一番標高が高いところの歴史であり、米田氏は農業史だから足元の地面を対象とする歴史だというのです。たしかに農業史の研究対象は「レベル」が低い。けれどもそれは一人一人の人間の生命に密着しているという意味では「レベル」が高いのだと、私は勝手に考えています。このような思いもあって、本書の題名『大地からの中国史』を考えつきました。農業・農民の視点から中国史を読み解いてみたいのです。結果は、言葉の真の意味でレベルが低いものになってしまったかもしれません。ご判断は読者の方々にゆだねます。でも一冊くらい〈独自の闘い〉を展開している本があってもよいのでは、と開き直っています。
いま日本で中国農業史を専攻している研究者は、ほんの数えるほどしかいません。がんばって論文を書けば、たちまち五本の指に数えられる(?)ようになる分野です。本書を読んで、なんかおもしろそうだな、と思われたら、いっしょに研究しませんか。何の資格もいりませんし、国籍・年齢も問いません。ただ単にやる気だけが必要条件です。いつでもお待ちしています。

【参考文献】

渡辺信一郎『増補　天空の玉座　中国古代帝国の朝政と儀礼』法蔵館文庫、二〇二四年(初出一九九六年)
同『中華の成立　唐代まで　シリーズ中国の歴史①』岩波新書、二〇一九年
足立啓二『専制国家史論　中国史から世界史へ』ちくま学芸文庫、二〇一八年(初出一九九八年)
大澤正昭『妻と娘の唐宋時代　史料に語らせよう』東方書店、二〇二一年
同『陳旉農書の研究　12世紀東アジア稲作の到達点』農山漁村文化協会、一九九三年
天野元之助『中国農業史研究』御茶の水書房、一九八九年増補版
井上ひさし『コメの話』新潮文庫、一九九二年
山下惣一『土と日本人　農のゆくえを問う』日本放送出版協会、一九八六年
同『村に吹く風』新潮社、一九八四年(文庫版、一九八九年)
青葉高『野菜　在来品種の系譜』法政大学出版局、一九八一年、など多数あり。
佐藤洋一郎『イネが語る日本と中国　図説・中国文化百華００４』農山漁村文化協会、二〇〇三年
同『稲の日本史』角川書店、二〇〇二年(文庫版、二〇一八年)

目次

序章

中国農業史の空間、時間、視点

最初に本書を読んでいただくための基礎知識を押さえておきたいと思います。これまで高校世界史などで中国史を勉強してきた方なら一・二節は飛ばしていただいてもかまいませんし、ナナメ読みしていただいても問題ありません。三節は本書の研究への視点をまとめました。どういう視点から研究するのか、農業のどの問題を取り上げて論じるのかなど、本書を読むうえで参考になると思います。

まずは歴史の舞台となる中国の空間つまり地理から。以下、文体も論文調にあらためます。

一——空間——地理と自然環境

私の在職時代、毎年「東洋史概説」を開講していた。その最初の時間は研究法入門のような講義だったが、冒頭に小テストと称して抜き打ちテストをおこなっていた。受講生の多くは新入生だったので、小テストと聞いただけで教室にざわめきと緊張感が広がった。きびしい入試を乗り越えて入学してきた新入生だから、もう試験はたくさんだと顔に書いてある。それを無視してテスト用紙を配るときは、少しばかりの快感！があった。だがテストの答え合わせをして回収する段になると、たちまち落胆してしまう。難問・悪問(?)で有名なわが校の入試・世界史を乗り越えてきた、きわめて優秀な(はずの)学生が、こんな低い正答率だとは。

話が前後してしまった。小テストの内容は中国地図上の大都市名と河川名を書かせる地理の問題である。五頁に掲げた手描き地図のAからOまでの都市・河川名を書く問題で、歴史というよりはむしろ現代中国地理の常識テストである。

解答や如何に。読者の方は正解をみずに、どれくらいできただろうか。参考までに正解と正答率(ある六年間の最高と最低)を書いておく。

A北京(41〜88%)、B天津(7〜12%)、C開封(0〜10%)、D洛陽(4〜21%)、E西安(12〜26%)、

F成都（12〜18％）、G武漢（5〜7％）、H南京（21〜27％）、I上海（30〜56％）、J杭州（3〜8％）、K広州（10〜23％）、L台北（28〜48％）、M黄河（51〜78％）、N淮河（20〜29％）、O長江（45〜84％）

この結果をみて、読者のみなさんはどう思われただろうか。黄河や長江の位置は全員正解かと思ったのにとか、北京の正解が四割しかいなかった学年があったの？　とか、驚いたり、疑問に感じたりされたかもしれない。また高校教員の方なら、宋の首都・開封が正答率ゼロの年もあったなんて信じられない、杭州は南宋の首都・臨安だろうになど、聞こえてきそうである。しかしこれは動かせない事実であった。受講生が少なかった年もあるが、だいたい八〇人前後の受講生がいて、このような数字である。入試を通ってしまうと世界史の知識などどこか彼方へ飛んで行く。わが身を振り返れば学生を非難することなどできるはずがない。けれども、これらの地名は日ごろのニュースや報道番組ではよく目にしている。たとえばAの北京やIの上海はしょっちゅうニュースになり、天安門や東方明珠塔などの画像が流れている。Gの武漢は後のコロナ禍で注目を浴びたけれど、このテストの当時はまだ〈無名〉だったかもしれない。とはいえ中国近現代史では重要な大都市である。だがその地図上の位置は、頭に入っていないのであった。これでは中国史の授業を聞いてもイメージがわかないだろうと心配になる。農業だけではなく、講義のなかでしばしば言及する地名・地域名は自然環境とのかかわりが深い。この地図くらいは頭の片隅に置いておいてほしい、と講義の二回目に要望だけは出していた。

それはともかく中国は北と南ではまったくといってよいほど自然環境が異なっている。鉄道旅行の経験がおありの方は車窓の風景を思い出してほしい。北京の郊外ならばトウモロコシ畑が広がっている。これが西安にゆくと黄色い大地の上にコムギなどが揺れており、細い樹木が並んでいたりする。ところが南方の、上海・杭州からいわゆる江南地方に進んで行くと、雨に煙る水田が続いているし、濃い緑の樹木が茂っているところもある。なんだかほっとする風景である。このように北と南では乾燥気候と湿潤気候のもたらす違いがひと目でわかる。その大まかな境界線

［参考地図1］小テスト用の地図

は前掲地図Nの淮河とその西方への延長線上にある秦嶺山脈である。おおまかにいえば、これより北は畑作地帯、南は稲作地帯であり、北の主食はコムギで南はイネである。食文化をはじめとして、文化や人々の気質に大きな違いがある。たとえば北では大男子主義（亭主関白）だが、南では家事の得意な男性が多い。歴史上でみれば、南北が対立した時代——南北朝、五代十国、金・元と南宋——があったが、その時の境界線もだいたいこの線であった。ちなみにコラム1で紹介するように、二〇一九年の私たちの中国調査で淮河流域をみてきた（『記憶された人と歴史』）。淮河の印象は予想よりも細く、わが荒川下流の印象とあまり異なってはいなかった。ただ真っ黒い、平底の貨物運搬船が多数行き来していて、淮河が重要な交通路になっていることを実感した。淮河が南北の境界であるといっても、だいたいの目印というだけで、直線で切り分けられるものではないのである。

このような中国について、二〇世紀前半に全国規模の農業調査をおこなった研究者がいた。南京大学教授のロッシング・バックというアメリカ人で、彼は『大地』の著者、パール・バックの夫である。中国人研究者とともに一九二九年から五年間、全中国の調査を実施し、一九三七年にその研究成果をまとめた。調査結果に基づいた著書も出しているが、各種地図を集めたものが『支那土地利用地図集成』で、日本語訳が一九三八年に出版されている。これは多くの視点でまとめたコンパクトな地図でたいへんみやすいものである。ここにその全体図を掲げてみた（参考地図2）。ただ地図中の用語が中国語のままなので少々注釈を付ける必要がある。まず春麦（麥）・冬麦

(麥)は春播きと秋播きのコムギである。言い換えれば越冬するコムギが冬麦である。小米はアワ、高粱はコーリャンで、「水稲両(兩)穫」とは水稲の二期作という意味だ。

この地図からわかるように淮河の南・北で稲作と畑作地域が分かれている。ただどの地域でもすべてが稲作でもないし、畑作でもない。おもな土地の利用法が稲作か畑作かという区分である。また「揚子水稲小麦区」ではイネとコムギの両方を栽培しており、稲作・畑作それぞれをおこ

[参考地図2] ロッシング・バックの農業地域の区分

[参考地図3] 本書に関連する省の地図

なっている地域もあるし、同じ耕地を水田と畑に変換させて使っている地域、つまりイネ―ムギの二毛作地域もある。このようにおおまかな地域区分ではあるが、それぞれの地域を代表する作物、あるいは栽培方式を取りだして地図上に示したものである。

本書の記述ではこのような自然環境の違い、文化の違いにいちいち言及はしていない。話題の大前提として、暗黙の了解があるものとして議論を進めている。各章の話題に眼を通しているときに、この自然環境や農業地域の違いを思い出していただければ、本書の理解はさらに深まると思う。参考までに本書に登場する現在の省名の入った地図を掲げておきたい。史料のなかで「○州（現在の○省）」というように注をつけているので、必要に応じて参照していただければおよその地域のイメージはつかめると思う。

二——時間——時代をどう区分するか

中国史の概説的な本は一般に、王朝ごとの政治史・制度史から叙述を始める。教科書ももちろんそうである。けれども〈個人的な感想〉でいわせてもらえば、政治史・制度史にはあまり興味をもてなかったし、好きではなかった。ただ宮崎市定氏の『中国史』(岩波全書)だけはおもしろかった。政治史を中心としつつも、社会・経済・文化の問題にも言及し、いわば宮崎史観全開の叙述である。少し方言の混じった独特の語り口によって、率直な心情が伝わってくるし、その主張からは研究の最前線に立っているという臨場感もある。また明瞭な叙述の根底には、自説の正しさを主張する、研究者の気概のようなものも垣間見られた。

宮崎氏が活躍していたのは時代区分論争の真っただなかの時期であった(一九六〇〜一九七〇年代)。中国史を叙述しようとする場合、この論争に触れないわけにはいかない。論争はおもに二つの学派の間でおこなわれた。その一つ、通称「京都学派」とよばれた一方の旗頭が宮崎氏であった。これに対するのは歴史学研究会派、通称「歴研派」とよばれた、在野の学会に集っていた研究者たちであった。もちろん京都にいる研究者や歴史学研究会に入っている人すべてがそれぞれに属していたわけではなく、どちらにも距離を置いている人もいた。ただ発表される論文はどちらかの中国史像を前提にする場合が多かった。この中国史像とは端的にいえばそれぞれの時代区分認識である。戦後の、研究の自由が保障されるようになった時期に、マルクス主義の主張をふまえてこの問題を提起したのは歴研派であった。なかでも議論が盛んになったのは「世界史の基本法則」として提起された、奴隷制の古代、封建制の中世、資本主義の近代という時代区分が中国史のどの時期に当てはまるのかという問題であった。この、スターリンが主導して作り上げた「基本法則」はのちに理論・実証の両面で批判されたが、当時は中国史の発展をとらえるための刺激的な問題提起として積極的に受け入れられていた。これに対して宮崎氏は古代・中世・近世・最近世という四分論を明確化して提出し、実証研究も踏まえて歴研派の時代区分を批判した。

これら二つの区分法で大きく異なるのは古代・中世・近世をどの時点で区切るのかという問題であった。唐代と宋代の間に大きな変革の時期があったとするのは内藤湖南の提起以来(「概括的唐宋時代観」一九二二年)、学界の共通認識となり、「唐宋変革期」と称してきた。歴研派はこれを古代から中世への変革ととらえ、宮崎氏は中世から近世への変革であるとした。そうして一九八〇年ころまで両学派の間で活発な論争が展開されたものの、議論は平行線をたどり結論を見つけ出すには至らなかった。その後、研究者の問題意識が変化するとともに時代区分論争はおこなわれなくなった。だから単純に中国の「古代」「中世」といってしまうと、どちらの立場なのか、あるいは別の立場なのかを明示しなければ話が通じないのである。私は、実証研究の次元でいえば、宮崎氏の説を支持するが、安易に中世や近世という時代区分の用語を使うことは避けている。私も一研究者としては時代区分像を提示すべきだと考えているが、そのためにはもう少し実証研究を深めなければならない。それは私の健康寿命との競争でもある。学界で時代区分の共通認識をもてないのは不幸であるけれど、それが中国史研究の現在の到達点であることは認めねばなるまい。ともあれおおまかな時代区分のイメージはもっておいていただいた方が、本書の理解にも役立つと思われる。次に簡単にまとめておきたい。

本書が扱う時代は王朝でいえば、紀元前二世紀の漢代から二〇世紀の清代までである。この時間的経過を区分するのだが、きわめておおざっぱにいうと、まず世界の歴史を大きく近現代と前近代に分ける。これは歴史学界の共通認識である。私たちが生きている資本主義時代の〈いま〉とそれを準備した時代とを区分するのである。中国史では、その境目がアヘン戦争前後であることはほぼ共通の理解になっている。そうして本書の扱う範囲はおおむね前近代である。

ならば前近代をどう区分するのか。その場合、大事なのはどのような視点で歴史的な変化をとらえるのかである。たとえば政治の変化をみるのか、経済状況の変化に注意するのか、などの視点を設定しなければ明確な区分にはならない。もし政治に視点を置くなら、秦代以後の専制国家体制の変化が主要な問題になる。その場合、唐・宋時代、および清末の辛亥革命が大きな画期である。しかしさきにみた大区分では、辛亥革命は近現代に含まれ、前近代の終結を示す変化と重なる。また流通などの経済的構造の変化という視点からは、唐・宋時代、明末期から清初期、およびアヘン戦争期が画期となる。これらを重ねあわせてみると、唐・宋時代、明末期から清初

おおまかな時代区分の表
←→は変動期を表す

隋・唐	魏晋南北朝	前漢・後漢	王朝
581〜907	220〜589	前202〜後220	西暦
⟶	第一期		変動期　国家
⟶	第一期		経済
奈良一平安	古墳		日本
『山居要術』	『斉民要術』		主な農書
『太平広記』			その他

期、アヘン戦争という三つの時期で中国史を区分して考えれば理解しやすいであろう。つまり漢代から唐代が専制国家と経済構造の第一期であり、宋代から清代までが専制国家の第二期である。同時に経済構造では物流の果たす役割が大きくなった宋代から明代までが第二期であり、世界規模の流通構造の影響を受けるようになった明末清初期からアヘン戦争までが第三期である。ただしこの時期区分は便宜上の区分であり、さまざまな議論があることはいうまでもない。あくまで中国史像を考えるための参考に過ぎない。

　農業史研究の分野でも、おおよそ以上のような時代区分を取り入れれば議論がしやすくなる。本書で語り手として登場願う史料が現れるのは、北魏、唐・五代、南宋、元、明、清代であり、前述の時代区分と合わせてみればある程度までその性格が理解できると思われる。むろん政治史などの史料とは異なり、変化そのものを反映した史料でないのは仕方がない。とはいえ元代の『農桑（のうそう）輯要』や王禎（おうてい）『農書』のように、歴代の史料を並列的に引用した結果、そこに変化の様相が表現されていたと

清	明	元	宋・金	五代・十国
1636～1912	1368～1644	1271～1368	960～1276	907～979
←――→		第二期	←――――	――――
第三期 ←――	――→	第二期	←――――	――――
江戸―明治	室町―戦国	鎌倉	平安―鎌倉	
『農言著実』 『浦泖農咨』 『植物名実図考』	『補農書』 『便民図纂』 『農政全書』	王禎『農書』 『農桑輯要』 『農桑衣食撮要』	陳旉『農書』	『四時纂要』
			『夷堅志』	

いう史料もある。一般に農業史の史料は変革の結果を受けて、定着した技術などを記している場合が多い。つまり変動期と変動期の間の時代の農業事情を記しているものが多いのである。

以上のような事情を受けて、とりあえず時代区分の表を作ってみた。王朝と西暦、日本の時代区分、および本書で用いる主要な史料を時代ごとにまとめてみた。参考にしていただければ幸いである。

三――研究の視点――何をどう考えるのか

農業史を研究するというとき、何をどう研究するのだろう。農業史だから、もちろん農作物とそれを生産する農家を研究するのだけれど、イネやコムギあるいは農家の何を研究すれば歴史になるのだろうか。私のこれまでの研究書で詳しく述べてきたが（『唐宋変革期農業社会史研究』など）、要点をまとめてみれば、次のような論理になる。

人間が生き続け、子孫を増やし、歴史を形作ってくることができたのは食べもののおかげである。食べものの重要な構成部分は農業生産物だから、その生産と発展を追いかけることが農業史研究、すなわち農業生産力発展研究の重要な課題となる。けれども作物の生産量がどれだけ増えたのかという量的な問題だけを考えても、食べものが増えたから人間が増えたという単純な結論しか出てこない。そこで生産力を構成する諸要素の発展とその総合化をおこなう作業が必要になる。総合化は農業を実践している農家経営に表現される。農家がどのように経営され、維持されてきたかという問題である。これを農業経営の問題ととらえる。こうした問題を研究すれば農業生産と人間との具体的な関連がみえてくるだろう。つまりこれは生産力という概念をもっと幅広く、現実に即して考える研究方法である。それを簡潔にまとめれば、作物の問題、農具の問題、耕地の問題という、生産力に直結する三点、およびそれらを実践する農業経営の問題が提出される。次におおまかにこの四点についてまとめてみる。少し抽象的な議論もあるが、専門研究に踏みこむためには欠かせない論点である。

◈作物の問題

ここでは最初に作物の品種が問題になる。人びとは狩猟・採集生活から農業を始めるにあたって、栽培する作物を選んできた。居住地域の気候や地勢によってどの作物を選ぶかが迫られ、生活にもっとも必要で、当地の自然条件に合致する作物の品種を選択した。たとえば本書の一章ではイネ、二章と三章ではアワとコムギ、補論で蕎麦、五章では茶、六章ではカブラ類の野菜、さらに七章で衣料用作物の桑を扱った。そうしてこれら作物の栽培にかかわる諸技術の歴史を追いかけてみた。

作物を選択する際には自然条件だけではなく、人びとの嗜好性も問題となる。たとえば渡部忠世氏は、東南アジアの人々はイネの品種を選ぶ際にモチ種か、ウルチ種か好みによって判断し、氏のいわゆる「モチ米イーター」になったのだという(『稲の道』)。味や風味、硬さ軟らかさ、あるいは粘り気に対する好みは品種選択の重要な動機だった。そうしてたとえばイネかムギかアワかといった主要作物の選択をおこなうのである。そのうえで収穫を安定させ、収量を増やすために、品種改良をおこなってきた。また気候条件の危機を回避するために成熟期間の早・晩を選び、収穫の効率を上げるために実が成熟する時期をそろえるなどの改良をおこなった。作物の品種を選択して改良を重ねてきたのである。

◈農具の問題

次に作物を栽培する耕地に働きかけるためには何といっても農具が必須だ。その開発や改良が課題となる。たとえば木製農具に鉄の刃を装着した鉄製農具の導入は作業効率を飛躍的に高めた。そのうえ畜力で牽引する農具を導入すれば、人力では到底及ばないほどの面積を処理できるような効率化をもたらす。その代表的な農具が四章で取り上げる、牛が挽く長床犂（ちょうしょうり）である。ちなみに中国の畜力農具はもっぱら牛が挽くとされてきたが、一部ではロバも用いられていた。日本では、近世まで牛を使っていたものの、いわゆる明治農法では牽引力の強い馬が用いられ、生産効率を上げた。一方、人力農具も改良されていった。一章でみるイネの田植法と密接に関係していた耘盪（うんとう）は元代に新たに開発された人力の除草用具であった。この他にもより効率の良い人力農具が改良・開発されてきた。

◈耕地の問題

他方、作物が成育する過程でどう手助けするのかという農業技術の問題がある。これらを肥培管理技術という。たとえば種子の播き方、苗の間引き法や雑草取りをどうするかという問題がある。アワのような連作障害がある作物の場合は別の作物との組み合わせを工夫する必要がある。さらに地力という、耕地の作物栽培力をどう高めるのかという問題も重要だ。もう少し具体的に述べてみよう。

肥培管理の重要な要素としてまず耕地の問題がある。耕地のもつ力、つまり地力を維持し、高めるためにはどうすればよいかという問題だが、そこにはさらに多くの要素が含まれている。地力そのものを高めるためには肥料に頼るのが手っ取り早いが、その選択や製造法などに気を配らねばならない。どんな肥料を施すのかという問題では、人糞や家畜の糞などは古くから使われてきた。だがこれを直に使う危険性も知られており、他の材料と混ぜて発酵させ、混合肥料・堆肥にする方法が開発されてきた。また植物を使う方法もある。落ち葉・枯葉を利用して腐葉土にしたり、レンゲなどの植物を直にすき込む緑肥、また雑草・木を焼いて使う草木灰といった利用法もある。そうして作物の品種ごとに、肥料選択や施肥方法の検討、いわゆる肥料設計も必要になる。この問題では各章で必要に応じて触れるほか、八章でまとめて検討している。

また地力を維持するために作物栽培の順序も考えねばならない。たとえば土地を休めるための休閑期間を設ける方法がある。また豆類を栽培すると大気中の窒素を地中に取り込んでくれるので、穀類栽培の中間に豆類を栽培するといった栽培計画が求められた。具体例をあげれば、アワは連作を嫌う作物なので、同じ畑に連続して植えることはできず、休閑とするか、豆類などの作物を間に挟まねばならない。冬・夏期の休閑を間に挟んで、地力が回復するのを助ける方法もある。そうして二章で紹介する二年三毛作の体系が開発された。畑作だけでなく、水田でもこの考え方を導入する。たとえば湿田を乾田に改良すれば、天候に合わせてイネに必要な水の量を管理することができるようになるし、一定期間、水を抜くことで有機物の分解を早めることができる。これを中干し法という。さらに冬期に水を抜けばイネとムギの二毛作ができるようになる。こうして地力を維持しながら、耕地利用の効率を高めるのである。

これらに付け加えておくと、耕地を耕す作業そのものが地力維持の基本である。土中に空気を送り込むことによって有機物の分解を早め、土の塊を丹念に砕くことで水分を保持し、作物の根を張りやすくするという効果をねらうのである。一年間の農作業が始まるとき、まずは春耕をおこない、耕地の基礎力を「培う」（この言葉こそ地力維持の出発点である）。農民がこの効果に気付いた段階ではさらに何度も耕す方法を取り入れた。その結果、二章でみるような夏の丹念な中耕・除草作業が普及し、一方では作物収穫後に秋耕・冬耕をおこなう重要性も認識されていった。こうして人間と大地との結びつきが強まってきた過程が農業の歴史でもあった。

◈農業経営の問題

本書では以上のような視点を検討することで、農業生産力を構成する諸要素の発展を考える。これら諸要素の発展は、土地生産性と労働生産性の向上をもたらし、作物の生産量増加に結び付けられる。その結果、個別の農業経営が質的に変化し、小規模経営の自立度を強化してゆくことになるのである。たとえば地主に隷属していた農民は、小面積の土地を手に入れることで自分の経営を成り立たせることができるようになる。そのあり方の一部は終章において概観する。そこでは衣料用作物である桑の栽培から養蚕までの問題を取り上げ、その要素が農業経営のなかで重要な役割を果たすようになり、経営の質的変化をもたらすことになる過程を展望している。

ここではさらに、従来の農業生産の概念から物流の要素も含む経営へと視野を広げてゆく。ことに中国の農業は近郊農業との関係が深く、商品生産的な要素を除外することはできない。しかし従来の研究ではこの点にあまり注目してこなかった。それは研究に用いてきた史料が農本主義の理念で貫かれており、商業を末業として批判していたためと考えられる。根拠となる史料の性格はどうしても研究者の視線に影響を与えてしまうのだ。農書の記事をていねいに読めば、都市の存在つまり物流を重視していることが理解できるのだが、私を含めて、当初の思い込みから抜け出すのはむつかしい。さしあたりこうした史料の表す現実を注視する努力を続けるしか方法がない。

こうして農業経営は生産力の発展に努めるほか、作物の販売をどう位置付けるのか、肥料などの自家生産と購入のどちらが有利なのかなども判断するようになる。このような農業経営の質的変化は、やがて社会構造の変化を呼び起こすことになる。農業生産力の発展が農業経営の質を変え、社会を変え、さらに歴史を動かす強い力につながってゆく道筋がみえてくる。間接的にではあるけれども、農業生産力の発展は社会と政治の歴史的変化に結びつくのだ。これが、本書が掲げる〈大地からの〉中国史の、本来の、そして最終的な到達点なのである。ただこの地平に到達するためにはまだまだ広く深い研究が必要である。いまは、目標だけは高く掲げて、足元からの叙述を進めてゆくこととする。

【参考文献】

J・ロッシング・バック著、岩田孝三訳『支那土地利用地図集成』東学社、一九三八年
宮崎市定『中国史』(上・下)岩波書店、一九七七・七八年(岩波文庫、二〇一五年)
内藤湖南「概括的唐宋時代観」(『内藤湖南全集』〈筑摩書房、一九七六年〉所収)
大澤正昭『唐宋変革期農業社会史研究』汲古書院、一九九六年
同『中国農書・農業史研究』汲古書院、二〇二四年
渡部忠世『稲の道』日本放送出版協会、一九七七年
天野元之助著『中国古農書考』・王毓瑚編著『中国農学書録』二冊の合冊版・龍渓書舎、一九七五年

附篇　中国農業史関連史料の解説

本書には「史料に語らせよう」という副題をつけた。ここで取り上げる史料の主なものは「農書」とよばれるジャンルの史料群である。文字通り農業に関して書かれた史料であるが、その性格はさまざまで、ひと括りにはできない内容をもっている。もっとも著名な農書は『斉民要術』で、高校世界史にも登場するものの、その他はあまりなじみのない史料である。そこで前もってこの農書群を簡単に紹介しておきたい。あわせてしばしば使う小説史料の紹介もおこなっておくこととする。ただ各章で引用する際にそれなりの解説は付けるつもりである。

なお、各項目の最後に＊をつけ、それらの現代語訳と詳しい注釈のある研究成果などをあげる。

A　総論

農書全体を解説している文献および研究文献目録

①王毓瑚(いくこ)編著『中国農学書録』(②の天野氏著書との合冊本)龍渓書舎、一九七五年(初出一九六四年)

中国古来の農書および古典類のなかの農業関連部分の解題(中国語)である。収録範囲については、「凡例」の冒頭に次のように書かれている。「農業生産技術また農業生産と直接に関連する知識を述べた著作に限定する。農業経済と農業政策に属する専門書、たとえば一般的に重農主義や土地制度・救荒政策などを対象としているものはすべて収録していない」。この「農業生産」については、次の条で「作物栽培・園芸・樹木栽培・養蚕と桑栽培・牧畜および漁業を包括している」とする。

②天野元之助著『中国古農書考』(同前)

日本語で書かれた、農書の解説書である。王毓瑚氏前掲書①に未収録の農書をも収録し、散逸している農書や入手困難なものを削除している。記事の重点は「版本の検討」におかれており、版本を選択する際の参考になる。また当該農書の国内所蔵機関も明記され、史料の調査には便利である。王・天野両書を読めば、現存する農書の全体像を把握できる。

③石声漢著・渡部武訳『中国農書が語る2100年　中国古代農書評介』思索社、一九八四年

石氏はかつて中国農業史研究が盛んだったころ、多くの研究成果を発表した老大家である。その蓄積を踏まえて、歴代の中国農書の特徴をわかりやすく解説している。

なお巻末に「日本における中国古農書研究主要著作一覧(稿)」を付けている。

④論文索引・辞典類

中国農業博物館資料室編『中国農史論文目録索引』林業出版社、刊行年記載なし(一九九二年序文)

厳敦杰主編『中国古代科学技術史論文索引』江蘇科学技術出版社、一九八六年

中林広一「参考文献一覧」『春耕のとき　中国農業史研究からの出発』（汲古書院、二〇一五年）所収
丁建川編『王禎農書詞典』中国農業出版社、二〇一五年

B　時代ごとに

魏晋南北朝時代

『斉民要術』（せいみんようじゅつ）　北魏（六世紀）・賈思勰（かしきょう）著

「斉民」とは平民・庶民の意味で、「要術」は農家生活のための肝心な技術という意味である。中国最古の、現存する総合農書で、荘園などでの農業や食生活など農事全般にわたる問題を記述している。本書は後世の農書の模範とみなされ、多くの農書に引用されている。ただ記述が難解なため伝来の過程で誤字・脱字が生じ、また後世の書き込みも紛れこんでいる。

＊西山武一・熊代幸雄訳『校訂譯註　齊民要術』アジア経済出版会、一九七六年第三版
＊田中静一・小島麗逸・太田泰弘『斉民要術　現存する最古の料理書』雄山閣、一九九七年
——『斉民要術』巻七以降の料理関係部分の口語訳と解説
＊石声漢編・英訳、岡島秀夫・志田容子訳『氾勝之書　中国最古の農書』農山漁村文化協会、一九八六年
——『斉民要術』が引用する農書『氾勝之書』の英訳版からの翻訳

＊（中国語）石声漢校釈『斉民要術今釈』科学出版社、一九五七年
＊（中国語）繆啓愉『斉民要術校釈』農業出版社、一九八二年

唐・五代

『山居要術』（さんきょようじゅつ）　唐（八世紀半ば）・王旻（おうびん）著

この「山居」とは薬材専門の農園を指し、薬用作物専門の栽培技術指導書である。後世に散逸したが、元～明初の『居家必用事類全集』という日用百科全書に『山居録』という書名で収録されていた。このような伝来の経過があるため、後世の記事が取り込まれている可能性もある。今後、研究が深まることが望まれる。

＊大澤正昭「『居家必用事類全集』所収『山居録』の研究――訳注稿」（一）（二）（『上智史学』五九・六〇号、二〇一四・一五年）

『四時纂要』（しじさんよう）　五代？・韓鄂（かんがく）著

「四時」は四季の意で一年間を表し、「纂」は集めるという意味。月ごとの農事を記した総合農書。散逸したと思われていたが、一九六〇年に守屋美都雄氏が、二〇一七年に崔徳卿氏がそれぞれ別の朝鮮刊本を発見・紹介した。天候などの占いから始まって、月ごとに主要な農業技術などをまとめている。北宋の初めに『斉民要術』とともに復刻され頒布されたものを原本としている。内容は『斉民要術』の影響が大きいものの、唐から五代の農業技術も反映しているとみられる。

＊渡部武『「四時纂要」訳注稿』安田学園、一九八二年
＊(中国語)繆啓愉『四時纂要校釈』農業出版社、一九八一年
＊(ハングル)崔徳卿『四時纂要譯註』セチャン出版社、二〇一七年
小説史料：『太平広記』(たいへいこうき)　北宋(一〇世紀後半)・李昉(りほう)など編
漢代から北宋初期までの小説・伝説集などから記事を収集して、内容ごとに分類したもの。この本の成立後に散逸してしまった諸本の記事も収録しており、貴重な史料集である。正史類には収録されない、社会史・風俗史などの注目すべき記事も含まれている。また唐代に創作された小説も多く載せられており、伝奇小説集としても知られている。この「伝奇」はめずらしいことを伝えるという意味。本書での引用に際しては、引用のもとになった書名も文末にあげている。
＊伝奇小説類は中国文学の重要な研究対象となっており、現代語に訳されている作品も多い。その一例をあげる。
前野直彬編訳『唐代伝奇集』平凡社・東洋文庫、一九六三年
内田泉之助・乾一夫『唐代伝奇』(新釈漢文大系)明治書院、一九七一年
宋代
陳旉『農書』(ちんふ・のうしょ)　南宋(一二世紀後半)・陳旉著
湖州に住んでいたと思われる著者の、農業とくに稲作と桑栽培・養蚕に関わる諸技術の解説

書。耕牛に関する短い章も立てられている。彼の古典研究と実践に基づいた記述だと考えられる。

＊大澤正昭『陳旉農書の研究　12世紀東アジア稲作の到達点』農山漁村文化協会、一九九三年
――全文の原文校訂と和訳・注釈を含む。

＊（ハングル）崔徳卿『陳旉農書譯註』セチャン出版社、二〇一六年

小説史料：『夷堅志』（いけんし）　南宋（一二世紀末）・洪邁著

書名は『列子』の「夷堅、聞きてこれを志す」という文句から取っている。夷堅とは広く物事に通じていた人だったという。この本は著者が見聞きした不思議なできごとをまとめたもので、いわゆる新聞の三面記事のようなものともみなされてきた。これらには当時の庶民社会のうわさ話など科学的根拠が疑わしい記事が多いけれども、農民の日常生活を反映した記事は農業経営研究の格好の史料となる。

＊斎藤茂ほか『「夷堅志」訳注』汲古書院、二〇一四年より刊行中。

元代

『農桑輯要』（のうそうしゅうよう）　元（一三世紀後半）・大司農司編

大司農司は農政を管轄する部局。農業と養蚕を主体とした総合農書。編纂当時までに伝来していた諸農書の記事を網羅し、さらに金末・元初期の、後世に散逸した農書も摘記していて重宝である。

＊(中国語)繆啓愉『元刻農桑輯要校釈』農業出版社、一九八八年

王禎『農書』(おうてい・のうしょ)　元(一四世紀初頭)・王禎著

農桑通訣・農器図譜・百穀譜の三部から成る総合農書。農器図譜は他書にはない、多くの図を載せており、貴重なビジュアル史料としてしばしば引用される。農桑通訣は農業技術を集約しており、農業史の史料として重要である。南・北地域の農業技術の交流や新技術を推奨しているところもあり、本書が勧農のための農書でもあることを表している。百穀譜は作物を穀属・蔬属・果属など六類に分け、それぞれの解説をおこなっている。

＊大澤正昭・村上陽子「王禎『農桑通訣』試釈――鋤治篇第七を例として」(『上智史学』四三号、一九九八年)

＊田中淡『王禎「農書」農器図譜集訳注稿』(未定稿)科学研究費補助金研究成果報告書、二〇一〇年

＊(中国語)繆啓愉・繆桂龍『東魯王氏農書訳注』上海古籍出版社、二〇〇八年(初版一九九四年)

『農桑衣食撮要』(のうそういしょくさつよう)　元(一四世紀初頭)・魯明善(ろめいぜん)著

「撮要」の「撮」はつまむの意で、要点をかいつまんだものという意味。『農桑輯要』の影響を受けて編纂された、月ごとの農事をまとめた農書。要点を押さえた記事ではあるが、短文であるため簡潔に過ぎるという欠点もある。

＊(ハングル)崔徳卿『農桑衣食撮要譯註』新書苑、二〇二一年

明代

『便民図纂』（べんみんずさん）　明（一六世紀初頭）・鄺璠（こうはん）著

農家生活に関わる知識を分類して編纂した通俗農書。耕穫類・桑蚕類・樹芸類・雑占類などに分類し、農家の日常の作業を簡潔にまとめている。

『補農書』（含『沈氏農書』）（ほのうしょ・しんしのうしょ）　明（一七世紀後半）・張履祥（ちょうりしょう）編著

『沈氏農書』は一七世紀半ばに書かれたとみられる。湖州の農家沈氏（名前など未詳）が子孫のために書き残した、農家経営の秘訣である。それを復刻した張履祥が補足の意図で書いた部分とあわせて『補農書』として出版した。『沈氏農書』には詳細な記事（稲作農業と養蚕など）が整理されており、農業史・農家経営史研究の格好の史料である。

＊大澤正昭・村上陽子・大川裕子・酒井駿多「『補農書』（含『沈氏農書』）試釈」（一）〜（三・完）（『上智史学』六二〜六四号、二〇一七〜一九年）

清代

『農言著実』（のうげんちゃくじつ）　清（一九世紀半ば）・楊秀元（ようしゅうげん）著

「著実」の「著」の漢音は「ちゃく」。意味は「着実」と同じで、落ち着いて、まじめなこと。陝西省三原県で農家を経営していた楊氏が、子孫のために書き残した自家経営の秘訣である。黄土原での畑作技術や経営のあり方が詳細に記録されている。

＊大澤正昭・村上陽子・大川裕子「『農言著実』試釈」（『上智史学』六一号、二〇一六年）

＊同「『農言著実』テキスト研究」（『上智史学』六六号、二〇二一年）

『浦泖農咨』（ほぼうのうし）　清（一九世紀前半）・姜皐（きょうこう）著

「浦泖」とは太湖から流れ出る黄浦江と泖湖をあわせた地域名で、松江府華亭県（現上海市松江区）の西部を指す。「農咨」は「農民に咨（はか）る」、つまり「問う、相談する」の意味である。当地の低湿地稲作などの農業について調査した結果をまとめた著作。

＊大川裕子・村上陽子・大澤正昭「『浦泖農咨』試釈」（『上智史学』六五号、二〇二〇年）

『馬首農言』（ばしゅのうげん）　清（一九世紀前半）・祁雋（きしゅん）（寯）藻（そう）著

「馬首」とは山西省寿陽県の古名。当地の農業を記述しているが、農業以外の記事も多い。農事を主体とする地方文化の歴史的な解説書とみることができる。

＊大川裕子・村上陽子・井黒忍・丸橋千加子・大澤正昭「『馬首農言』試釈（一）――地勢気候・種植」（『上智史学』六七号、二〇二二年）、「同（二）――農器・糧價物價」（『上智史学』六八号、二〇二三年）

＊高恩広・胡輔華訳、郭華栄校訂『祁寯藻農言新訳』三晋出版社、二〇一四年

＊（ハングル）崔徳卿『馬首農言譯註』セチャン出版社、二〇二〇年

『植物名実図考』『植物名実図考長編』（しょくぶつめいじつずこう、同　ちょうへん）　清（一九世紀半ば）・呉其濬（ごきしゅん）著

ともに当時の植物を網羅した植物学の著作。前者には八三〇種類余りの植物の図と簡潔な

史料が載せられており、その図は当時の描写技術の高さをも示している。後者では穀類・蔬類・山草などに分類して、各植物に関連する歴代の史料を幅広く収録している。農作物に限定した著作ではないが、農業史の史料を見渡すのに便利である。

耘爪

一章

田植って必要？──田植法略史

はじめに

中国史上、その政治的中心地はほぼ黄河流域にあり、そこは序章に述べた淮河以北の畑作地帯に属する。長安・洛陽・開封・北京など歴代の首都はここにあり、その後背地域は、二章で述べる華北乾地農法の地域であった。中国農業はこの乾地農法から出発しているので、いわば中国農業史の基本であり、出発点である。本来なら、本書はこの畑作農業の話題から出発すべきなのだろうが、私も含めた、日本人の頭のなかでは畑作に対してあまりイメージがわかない。中国では栽培穀物の主体がアワからコムギに変化していったのだが、いまの日本でコムギ栽培地は多いものの、アワを栽培しているところはかなり少ない。そこで比較的身近なイネの話題から話を始めることとしたい。

畑作についてひと言だけ書いておくと、日本で畑作の評価が低いのは、近世の稲作中心主義の影響である。そのため畑作穀物のコムギやアワなどは主穀ではなく「雑穀」と称して軽んじられてきた（木村茂光編『雑穀』Ⅰ・Ⅱなど）。歴史的には縄文時代の末期に畑作農業が先行しておこなわれていたが、稲作が定着した弥生時代以降にその地位が逆転してしまった。日本の農業は畑作がベースにあったという証拠の一つは民俗学の研究で紹介されている。国内のいくつかの地域で「モチなし正月」の習俗が残っているというのである（坪井洋文氏『稲を選んだ日本人』など）。現在、正月にモチを食べて祝うのは一般的な風習となっているが、その地域では正月にモチを食べるのはタブーだという。民俗学では、それが稲作伝来以前の畑作時代の名残であると考えている。稲作に征服された畑作の怨念のようなものが感じられる習俗である。

それはともかく、現代の日本人にとって稲作は農業の主役であるかのようにみなされている。秋が近づくとその年のコメのでき具合が予想され、味の良さのランクが話題になる。うまいと評価されたブランド米は高価格で取引され、食欲をそそるニュースが流される。また水田の広がる風景が私たちの身近にあることはいうまでもないし、田植や稲刈りなど稲作作業についてもそれなりの知識が広がっている。ただ、時おりテレビのレポーターが水田地帯に行って、自然がいっぱい！ などと叫んでいるのには閉口するけれど。水田が人工物の最たるものだなどとは夢にも思っていないのだろう。

こうした稲作をめぐる情景は歴史的に作りあげられてきたものだ。たとえば江戸時代の関東平野には畑作地帯が広がっていた。平坦な火山灰層である関東ロームでは灌漑用水を手に入れるのが困難で、むしろ畑作の方が有利だったためである。しかし江戸幕府は稲作中心主義を取り、畑作を評価しなかった。そうした政策が浸透し、人々の意識も稲作一辺倒になってしまった。だが稲作発祥の地である中国では異なる情景もある。それは本書でおいおい述べてゆくが、中国の稲作をめぐる歴史をみることで日本の稲作を客観化することもできるようになる。これから中国農業史の話題を繰り広げるきっかけとして、まず稲作を取り上げる理由のひとつはそこにある。とすれば最初の話題は稲作をめぐる「イロハのイ」を確認することである。

一――コメの品種をめぐって

まず確認しておきたいのは私たちが日ごろ使うコメという言葉について。本書では稲・イネとコメを使い分けるが、一般には両方とも同じ意味に使われている。だが「米」という文字の本来の意味は「穀物の実」すなわち籾摺りした穀物の中身である。たとえばアワであっても籾摺りした中身は「米」なのだ。けれども日本では籾摺りしたイネの実を米＝コメとよんできた。それだけ穀物といえばイネだという認識が定着しており、コメ、なかでも白米が主穀でその他の穀類は、赤米（あかまい）のイネも含めて雑穀なのであった。これは日本の歴史に規定されてきた呼称である。

このコメについて私たちはどれだけ知っているのだろう。まずコメの品種にどんなものがあるかを述べておきたい。「はじめに」でも触れたが、スーパーなどのコメ売り場に行くと、コシヒカリだのナナツボシだのというさまざまな名前の付いたコメが売られている。これらのコメには日本穀物検定協会が発表する食味のランキングがつけられ、その価格に大きな差がついている。ではこうした名前が品種かといえばそうなのだが、ブランド名にもなっている。大枠の品種名でいえばこれらはアジア種のなかのジャポニカ種であり、付け加えればその品種の水稲（陸稲（おかぼ）ではない）で、早稲（わせ）か、中稲（なかて）か、晩稲（おくて）かの白米（赤米ではない）である。最近の農学の研究ではこうした区別はより細かくなっているようであるが（たとえば佐藤洋一郎氏『イネが語る日本と中国』『稲の日本史』など参照）、古い用語の方がなじみ深いのでこちらを使わせていただく。

世界のイネを見渡せばアジア種とアフリカ種があり、アジア種にはインディカ種とジャポニカ種がある。かつては両種の中間のジャバニカ種もあるとされていたが、いまは否定されている（前掲佐藤氏）。このように品種名に地名がついているのはたまたま栽培が定着していた地域名による。アジア・アフリカ・インド・日本がそれであるが、もちろんこれ以外の地域でも栽培されている。これまでの研究では栽培イネの発祥の地は中国・長江中流域とみられている（三〇年ほど前までは雲南・アッサム地方がルーツだとされていたが、その後研究が進んで訂正された）。そこから世界各地に広がり、その土地の自然条件や人々の嗜好によって選択された。日本ではこれまでの稲作の歴史の過程でジャポニカ種が選ばれてきた。けれども室町時代には中国からインディカ種も伝わってきて、当時、開発が進んでいた関東平野で栽培されていたという。このインディカ種がその後どうなったか詳しくは知らないが、第二次大戦後までインディカ種の赤米が残っていたという。この赤米は、古来のジャポニカ種のイネのなかにも多く混じっていた。赤米が多く栽培されていた痕跡は私たちの身近なところにあり、お祝いのときなどに炊く赤飯が古代の赤米の名残だといわれている。また最近古代米として売られている黒や紫色のコメもその系統である。だが戦後、農家がコメのランクを上げるためにこの色付きのコメを懸命に排除してきた。その結果、銀シャリ（シャリ＝舎利はシャカの遺骨を指し、銀色に輝く白米の美称）などと持ち上げられる、白米のご飯ばかりになったのである。

同じように中国の南朝から唐代にはこの赤いコメが「桃花米」などとよばれていた。これは安価なコメだったようだ。また近年の私たちの江南調査旅行で実際に味わったコメはすべてインディカ種の白米であった(佐々木愛編『記憶された人と歴史』)。日本ではまずいという評判だけれど、それなりに美味しく食べてきた。またスーパーのコメ売り場で量り売りされていたのもほとんどがインディカ種の白米であった。ジャポニカ種をみつけたこともあったがそれは東北地方から移出されてきたものとわかる商品札「東北大米」などがついていた。このインディカ種のコメは、歴史的にみれば、一一世紀、北宋の時代に伝わったとされる占城稲の系譜をひくコメであろう。もともと赤米も白米もあったとみられるが、いまは白米だけが生き残っている。これが江南の人びととの嗜好に合って選択されたのだと思われる。このようにイネの品種は歴史的な選択を経てきた。だが品種にかかわらず、水稲種であれば栽培法は基本的に同じである。

二——田植って何？

本題に入ろう。こうしたイネはどのように栽培されてきたのだろう。次にイネの栽培技術、稲作作業の歴史を考えたいのである。日本の稲作作業というと思い出すのはさきに触れた田植と稲刈りであろうか。この二つの作業はかつての農村では家中、村中総出の年中行事だった。田植はこれから稲作を始め、豊作を願うという思いも込め、稲刈りはコメの収穫に感謝しつつおこなう作業であった。一九五〇年代の私の小学生時代、田植の時は学校が休みになる地方があると聞いた覚えがある。ラジオのニュースで取り上げていたのかもしれないが、うらやましく思ったことだった。仙台市近郊の小学校に通っていた私は、夏・冬休みのように学校から解放されて遊んでいられる休暇と勘違いしていたのだ。〈猫の手〉ではない子供の手をも総動員する田植・稲刈りのたいへんさなど想像すらできなかった。その後、農業史に関心をもつようになって、田植はある時代から始まった農業技術だと知ったときは少なからず衝撃を受けた。田植はイネの栽培が始まったときから不可分の作業だと思い込んでいたのである。目から鱗(うろこ)であった。

他方、現代の稲作では、田植も水田の耕起も省略して労働を減らし、農薬・化学肥料などを削減しようという農家が現れている。そうした農法でも相応の収穫はあるのだという。けれどもこの農法が広がっていると聞いたことはまだないので、周囲の農家の理解を得るなど、乗り越えるべき困難な条件が多いのだろう。一定の品質で相応の収穫量を確保し、経営を維持するのはまだ無理なのかもしれない。

そこであらためて田植は何のためにおこなってきたのか、そうして歴史的に田植法を維持し発達させてきたのはなぜかを考えてみたい。田植が稲作技術の常識とされている大きな理由は、イネの管理がしやすいことである。整然とイネの株が並んでいると草取りがしやすいし、後にみる中耕作業——根元を耕す作業も楽だ。そこには肥料も満遍なく施すことができる。また株の間の風通しがよくなって病気や害虫の発生もある程度防げるという。イネの効率的な栽培のために役立つ要素がたくさんある。さらにイネとコムギの二毛作をおこなうようになると、イネには苗代で栽培する期間があるから、本田の利用期間が短縮され、耕地の効率的な利用にも貢献する。とはいえ利点ばかりではない。短期間に済ませねばならない田植の作業は負担が大きかった。麦刈りや養蚕の時期と重なり、人手がいくらあっても足りない農繁期なのである。だが田植を一斉におこなわないとその後の成長も、そして収穫時期もコメの出来具合もばらばらになる。そうなると稲刈り時の手間は増えるし、実が落ちてしまうなどの損害も出る。結局、豊かな収穫を望むなら田植という春の一斉作業はなんとか乗り越えねばならない労働であった。そのため日本では村人全員が助け合う仕組みができ、いわゆる村落共同体の重要な行事となった。では中国の田植事情はどうだっただろうか。またその方法はどう発達してきたのだろうか。

中国で早くから田植をおこなっていたことは、いくつかの史料からうかがうことができる。それらの記事は先の拙著『妻と娘の唐宋時代』に、女性も子供も参加する労働の例として引用しておいた。そこでとくに触れなかった記事があるので紹介しよう。南宋時代（一一二七～一二七九年）の洪邁著『夷堅志』という、不思議な話の聞き書きを収めた本に次のような話が載っている。

三――田植の始まり

紹熙二（一一九一）年春、〔現江西省撫州〕金渓県の民・呉廿九は田植をしようとしていた。その母からいま着ている黒い綈袍〔＝防寒・寝具とする綿入れ〕を借りようとしていった。「明日は田植なので〔綈袍を〕質に入れて銭を借り、雇用人の労賃と食費にあてたいのだが」と。母がいう。「私は春の寒さがこわいし、明日かならずしも人を雇わねばならないわけでもないだろう。お前の妻は襖〔＝秋から春に着る、裏地をつけた着物〕をもっているのにどうしてそれを取り上げないのだい」と。呉は怒ったが引き下がった。……

（『夷堅支丁志』巻四「呉廿九」）

これは呉廿九という親不孝息子が天罰を受ける話であり、終章でも詳しく取り上げる。それはともかく彼は人を雇って田植をおこなうため、母親の綿入れの着物を取り上げようとした。それを質入れして、お金を手に入れ、労賃・食費にあてようとしたのだ。ということは日本の田植のやり方とはまったく違っている。村人が助け合うのではなく、水田の所有者個人が労働者を雇って田植をおこなうのである。ここには村人の共同体としてのつながりがみえず、村落共同体は存在していない。だから助け合いも村の掟もないし、当然、村八分のような罰則もない。この点が日・中両国の農村社会の大きな違いである。

ともあれ南宋時代には、人を雇ってでもおこなわねばならない田植作業が定着していた。稲作作業の重要な一環として理解されていたといえる。ではこうした田植作業の開始時期はどれほどの時間を遡ることができるのだろうか。

南宋より前の唐代の小説史料の記事は前掲の拙著で紹介したが、現在の江蘇省で史氏の娘が一人で田植をしていた、という簡潔な記事であった。「田植」と訳した原文は「蒔田」で、田植の意味だと解釈できるが、種蒔きの意味にもとれる。ただ主人公の娘がこの作業で疲れていたと書かれているので、おそらく一人で重労働の田植作業に従事していたのであろう。種蒔きではさほどの労働にはならない。この記事は、南唐から北宋初めの高級官僚であった徐鉉（じょげん）の著書『稽神録（けいしんろく）』から『太平広記（たいへいこうき）』に転載されたものであった。この記事が書かれた時期は唐代末期から十国・南唐時代（九〜一〇世紀）だと思われる。

また唐代後半期（八・九世紀）の詩の何篇かには「挿秧」「移秧」などの表現で田植が詠まれている。

「秧」は稲の苗の意味であるから「苗を挿す」「苗を移す」つまり田植である。たとえば八世紀前半の高適の詩には次のような句がある（「広陵別鄭処士」）。

渓水ハ垂釣ニ堪へ、江田ハ挿秧ニ耐フ（渓谷の流れは魚釣りによく、河の近くの水田は田植のとき）

これは揚州の風景と考えられるので、長江の近くの水田で田植がおこなわれていたのであろう。田植は風物詩となっており、詩人の風景描写の好ましい題材だった。このような詩や前掲の史料はあるけれども、もう少し詳しく田植を記録した文章はみつかっていない。とすると頼りたくなる史料は北魏の『斉民要術（せいみんようじゅつ）』巻二「水稲」に遡るしかないが、この本の水稲の項目には田植の記載はない。というか田植とは解釈しにくい記述があるのみであった。その一節をあげてみる。一般論で水稲栽培法を述べたあと、次のように述べている。

北方の平原（で水稲を栽培する場合）にはもともとため池や湿地がないので、河の湾曲部に水田を造る。……種播きは前述の通りである（大澤注：この記事の前に一般的な稲作法が書かれており、イネの籾を水に浸けるなどの処理をし、発芽させて播くとする）。七、八寸（二一〜二四センチ）に成長したら抜き取って移植する（原注：隔年に栽培する稲ではないので、雑草やヒエがイネといっしょに生えてくる。刈りとるくらいではなかなか根絶できないので移植して草を取るのである）。

田植法らしき記事はこれだけである。「原注」の記述によれば、この記事は毎年連作する水稲の栽培法についてのものである。隔年の栽培ならば雑草対策はできるが、連作する場合は雑草対策が必要だから移植法をおこなうというのである。

これまでの研究では、この記述は田植法ではないとみなしてきた。田植とは、苗代を作って種を播き、そこから苗を抜いて本田に移植する技術である。しかし、ここは除草のために本田の苗を抜いて、また本田に戻す方法とみられるので、田植の定義に合わない。たしかに定義には合わないけれども、もう一歩工夫をこらして苗代を造って移植する方法まで思いつけば田植の開始にはなる。少なくともその直前まで来ていることは確かだ。

ここで注意しておかなければならないのは北魏の支配領域についてである。序章でも触れたように、南北朝時代の南北の境界線はだいたい淮河流域であった。したがって『斉民要術』の記事はこれより北の地域での稲作だと考えられる。引用した記事はその地域のなかのさらに「北方の平原」地域に限定されている。とすれば長江流域ほどの稲作技術はもっていなかった可能性がある。もしかすると長江流域ではもう一歩進んでいて、田植をおこなっていたかもしれないが、それを実証する史料がないのだ。

ここまでの段階でいえることは、六世紀の北魏時代から八世紀の唐代後半期までの間に田植法が開発され、一二世紀の南宋には広く普及していたであろうということである。ではその田植法は、具体的にはどのようなものであったのだろうか。その方法を探る前にもう一つ紹介しておきたい史料がある。

四――陳旉『農書』の苗代作り

それは南宋の農書、陳旉（ちんふ）『農書』の記事である。この本は三巻構成で、巻上が稲作、巻中が牛の飼育、巻下が桑栽培と養蚕である。著者の陳旉は官僚経験がなく、在野の知識人であった。ふつうならこのような経歴の人の著作は後世に残らないのだが、彼が自分の著作を持ち込んだ地方官がその内容に感心し、出版の労をとってくれた。そのおかげでこの著作は陽の目をみたのであった。たしかにこの本はすぐれた農書である。詳しくは拙著『陳旉農書の研究』に書いた通りである。その序文では北宋政府が推奨した『斉民要術』『四時纂要（しじさんよう）』を批判し、「まわりくどくおおまかで、実用に適しない」とこき下ろし、そうして自分の著作は「実際に後世に役に立つ」と主張した。かなりの自信家だったと思うが、内容を読んでみると彼の言葉に納得せざるを得ない。元の王禎（おうてい）もこの内容を高く評価していたらしく、彼の『農書』の重要な論点でかなり多くの記事を、無断で引用している。陳旉が死んだ後の引用だから「無断で」というのは当たらないかもしれない。けれども王禎は陳旉の名を一切出さずに引用しているのである。理由は不明であるが、おそらく陳旉が在野の知識人だったためであろう。いわば〈名も無き〉人物の著作ではあるが、その内容は評価せざるを得なかったのだ。

さてこの『農書』巻上に「苗を立派に作ること（善其根苗篇）」という項目がある。その冒頭で「およそ作物を育てるには、まずその苗を立派に作り、根本をよくすること〔が重要〕である」というように、良い苗の育て方が肝心であるとする。そうして、

……苗が立派なものとなり、田植もうまくおこなったとすれば、ついには豊かな実りが確実になる。……いま稲を栽培しようとするなら、必ずまずは苗代を整備すべきである。

という。この「田植」の原文は「徙植」で、字面では「移植」の意味である。本書の他の記述二か所でもこの語を用いているが、そこでは桑の移植について述べていた。けれどもこの項目では苗代（原文は「秧田」）の作り方を述べている以上、「徙植」を田植と解して差し支えない。ただ本書には田植に関する、このほかの記述はない。陳旉の関心はもっぱら田植前の苗作りに集中されていた。そうしてその基本について次のように述べている。

苗を丈夫で良いものにしたいなら、播種の時節に合わせ、優良な耕地を選び、理に適った肥料の使い方をする、ということが肝要である。これら三点がともにそろい、さらに勤勉に〔作物の生育状況を〕見直しては手入れし、日照り・大水・害虫・害獣の対策をすれば、すべてうまくゆくであろう。

このように時節・耕地・肥料の三点がそろい、さらに勤勉に管理し、災害対策を施せば立派な苗ができて、豊作が見込めるというのである。これは苗作りだけでなく、農業の基本原則を的確にまとめた指摘でもある。この基本方針を踏まえて、気候のめぐりの判断、発酵肥料、つまり堆肥の作り方、苗代の処理法などをこと細かに説明している。陳旉の苗作りに対する入れ込み方は尋常ではなかった。

陳旉は南宋の段階で高度な苗代作り、苗作りの技術を記していた。このことからすれば、稲作における田植の位置づけが確立していたのは疑いない。その具体的な記述が現れるのは間もなくの時期であろうと予想できた。こう考えていたときに、私たちの農業史研究会で取り上げたある農書に行き当たったのである。次に具体的な田植法についてこの史料に語ってもらおう。

五――田植のかたち

その史料とは清代、一九世紀前半の人、姜皐が書いた『浦泖農咨』という本で、南宋の滅亡からおよそ六〇〇年後の著作である。この本の題名は「浦泖」地区の「農に咨る」という意味。「咨」はあまりみたことがない文字だが、問うとか相談するという意味の「はかる」である。つまり農村調査の記録といったところである。「浦泖」地区が舞台だが、そこは上海市の中心部から西四〇キロ弱、松江・青浦・金山県の境界地域にある泖湖（または泖河）周辺の低湿地である。この泖湖は、上流は太湖につながり、下流は上海を流れる黄浦江となる。「浦泖」とは黄浦江と泖湖から一字ずつとって付けたものだ。ここは清代の松江府華亭県という行政区画に属するが、古くからの稲作地帯として有名だった。姜皐は知人から、この地域の稲作が衰退しているという嘆きを聞き、その原因調査に乗り出した。「咨」には「なげく」という意味もあるので、それも意識した書名なのかもしれない。

この調査のなかで彼は稲作技術の現状などの聞き取りをおこなったが、田植の方法も記録していた。それが私たちの訳注「『浦泖農咨』試釈」第13条の次のような記述である。

田植えのとき、田の中の水は半寸ほどを越えず、六株を一坺〔音は未詳〕とする。その方法は、田植人が両足で泥を踏み、後退しながら植える。両足の間に苗二株を植え、両足の左右それぞれに二株を植える。苗の株は筋をはずれず、均一でまっすぐなのが良い。縦は坺とし、横は肋とする。肋は広くすべきではない。幅が広いと少ししか植えられなくなるからだ。また、狭くてもいけない。狭いと耘盪を動かすことができず、さらに苗が成長すると風を通さないので、虫害・奥〔燠?〕死〔＝熱気で枯れることか〕の心配が生じやすい。それゆえ一年の稲作を考えると田植がもっとも重要なのである。

この記述は具体的でおもしろいのだが、よくわかる文章と理解できない文章がある。わかるのは田植法の基本である。田植する人が水田に脚を広げて立ち、両脚の中間と脚の左右それぞれに二株ずつ、計六株を植える。この一株は数本の苗をまとめたものである。そうしてこの六株の列を現地では坺と称しており、一坺が終わったら一歩後退して次の一坺に植えるのだ。ちなみに、株の間隔については書いていないが、他の史料をみると株の左右の間隔は五寸、前後の間隔は八寸とされている。ここまではよいのだが、記事のなかの傍線部がよくわからない。「縦は坺とし、横は肋とする」とはどういう意味だろうか。坺は稲六株の列であることは明白であり、傍線部以下の記事から肋も坺と坺との間の空間を指すのだろうと想像がつく。また肋は「耘盪」を動かすだけの広さが必要だともいわれている。

この「耘盪」という農具については説明が要る。これは除草と、イネなどの根元を耕す作業(これを中耕という)兼用の農具で、元代から登場する新しいものである。元の王禎『農書』に次のような解説があり、図が載っている。

耘盪は江浙行省地方の新製農具である。形は木製の下駄のようで、長さは一尺余り(約三〇センチ)、幅はおよそ三寸(約九センチ)。底面に短い釘二〇本余りを並べ、そのうえに横木をおき、竹の柄を通す。柄の長さは五尺余り(約一・五メートル)。田の草取りをするときは、農民がこれをもって稲の列の間の草や泥を押して揺り動かす。どろどろにすると水田は十分にこなれる。耙や鋤より優れているばかりか、手足に代わるものである。ましてや草取りできる田の面積は倍以上になる。……

(農器図譜集之四・耘盪)

この解説はとてもわかりやすい。耘盪は長方形の下駄のような板で、底に二〇本の釘を植え、上に長い竹の柄を通しているという。その参考図をあげておく。ここに「耘爪」という名称がついているが「耘盪」の誤りである(実は王禎『農書』の図は版本によって異なるものがあり、この図は王禎『農書』を引用した徐光啓著『農政全書』巻二二からとった)。これによって夏の草取りの重労働が軽減された。従来は酷暑のさなか農民が水田のなかに這いつくばい、両手でおこなっていたが、この新農具の登場によって立ったままでの作業が可能になった。作業効率が倍にもなったという記述は事実に近いのであろう。

とすると『浦泖農咨』の記事は、この耘盪による中耕・除草の作業を前提とした田植法であることはわかった。だが縦と横の意味は何なのか、『浦泖農咨』の他の条文を読んでも理解できない。仕方がないので、いつか他の史料からヒントがみつかるだろうとペンディングにしておいた。これは史料を読んでいるときによくあることで、後に何かみつかることもあれば、そうでないときもある。みつからなければ論文にならないだけのことだ。

しかし幸運にも他の史料を読んでいるときにヒントになる記事に出会った。それは『南潯(なんじん)鎮志』という地方志が載せていた許旦復(きょたんふく)（湖州帰安県の人）著『農事幼聞』の逸文である。もとの本の現物は伝わっていないが、農事の要点である一四項目だけは写し取られていた。著者は一九世紀前半の人で、本の記事もそのころの農業事情を記していると考えられる。そこには、

……思うに（搗杷(とうは)による）中耕・除草の際は横方向におこない、手による中耕・除草は縦方向におこなう。一方は縦、一方は横である。作業は縦・横にこもごもおこなうので、効果は順次

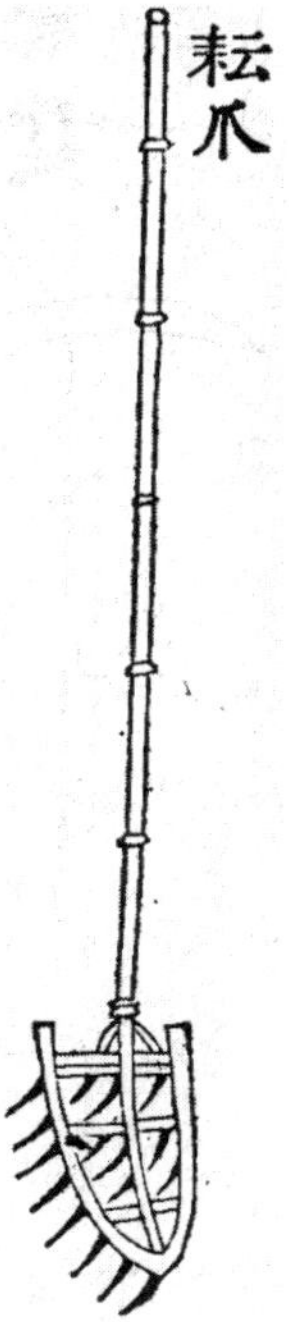

耘盪

密になる。……

とあった。この「摥杷」は耘盪の現地名である。つまり『浦洳農咨』第13条の縦と横の作業とは、稲株の根元周辺の中耕・除草作業で、手や農具を動かす方向を表していた。もう少し詳しくいえば、坎の稲株の左右は狭い（五寸）ので手を縦方向に動かして中耕・除草し、坎と坎の間の肋は広く取ってある（八寸）ので耘盪を横方向に動かして同じ作業をするという意味である。参考までに田植の模式図によって説明しよう。図中の①〜⑥は稲の株で、足のマークは中耕・除草に従事する農民の立ち位置である。田植のとき農民は足の間とその左右に二株ずつ、計六株を植えていた。これが中耕・除草のときになると、肋に足を置き、手で株の左右を中耕・除草する。このとき手を動かすのは縦方向になる。また肋の部分を中耕・除草するときは九〇度向きを変えるのだが、手の作業のときからみれば横方向に耘盪を動かすことになる。耘盪が導入されるまで、株の前後・左右とも手でおこなっていたが、導入後は左右のみを手でおこなえばよいことになった。

こう解釈することができるならば、一九世紀前半の『浦洳農咨』『農事幼聞』の記事はともに、田植の際に稲が成長した後の中耕・除草時の便宜も折り込んでいたということになる。先を見通した田植法が普及していたわけで、まさに一段と合理的になった田植法であった。

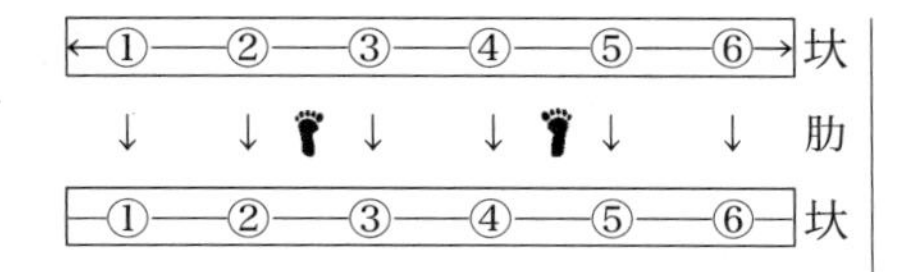

注：株の左右の間隔は五寸：手で作業
　　前後の間隔は八寸：耘盪で作業
　　↓は農民が移動する方向

六――田植法の高度化

とするとこうした高度な田植法はいつ開発されたのだろうか。そこでまた史料を読み直すと、元の魯明善著『農桑衣食撮要』（一三一四年刊行）に田植の記事があることに気がついた。前に読んだときは気がつかなかったが、問題意識が変わったため眼についたのである。この本は月ごとの農作業を簡潔に書いたもので、多くの記事は元代の『農桑輯要』をベースにしている。しかしその五月の条の「挿稲秧」（稲の秧を挿す）の記事は独特なもので、次のように書かれていた。

> 芒種前後（新暦の六月上旬ころ）に田植する。苗を抜く時はそっと抜き出し、水で根を洗って泥を落とす。およそ八、九〇本を一つの小束とし、犂で十分耕したばかりの水田に田植する。四、五本ごとに一株とし、およそ五、六寸離して一株を植える。（田植人の）脚は頻繁に動かさず、手を伸ばして六株だけ植える。退いて脚を一遍動かして、また六株を植え、さらに一遍脚を動かす。順次に植えてゆき、つとめて株の列がまっすぐになるようにする。

これはまさに『浦泖農咨』の田植法と同じで、六株を基本単位とし、列がまっすぐになるよう注意していた。ただこちらは苗四、五本を一株とするように、束ねる苗の本数が詳しく書かれている。元代の農書で稲作、田植作業についてこれだけ詳しいものは珍しい。もしかすると版本が次々と印刷されて清代ころまで伝わる過程で、どこかで補足や改変された可能性も疑われる。そこでもう少し史料にあたってみると明代の鄺璠著『便民図纂』(一五〇二年初版)に同じ記事があった。

田植は芒種前後におこなう。……苗を抜いたら、水で根を洗って泥を落とす。稗があれば選び出す。小束に分割し、犂で十分耕しておいた水田に田植する。およそ五、六本を一株とし、六株を一行とする。株の行はまっすぐなのがよく、それは耘盪をかける際に便利だからである。また浅く植えると成長しやすい。

これは前掲『農桑衣食撮要』の記事を引用したか、あるいはそれを基にして補足したものだとわかる。ただ重要な違いは「耘盪をかける際に便利……」という補足がなされている点である。これは『農桑衣食撮要』の記事の意図を的確に補った記事である。とすると、『農桑衣食撮要』の記事も耘盪の作業を視野に入れていたと予想でき、元代にこの田植法が開発されていた可能性を高めることになる。こうして唐代までに開発されていた田植法は、元代までに中耕・除草も視野に入れた作業として改善された。それが一九世紀まで継承されたのであった。このように田植法の歴史的発達が跡付けられたのである。

おわりに

六世紀の『斉民要術』から一九世紀の『浦泖農咨』まで一三〇〇年にわたる田植技術の高度化を追いかけてみた。六世紀に未確立だった田植法は一二世紀には確立されており、さらに一四世紀には中耕・除草作業をも見通した田植法が登場した。そうして一般的な田植法は一九世紀、いや二一世紀まで機械化されて維持されている。農書類の記事を中心に探してみた結果ここまでの認識が得られたのである。いうまでもなく農書の記事は一般に普及している技術とは少々差があり、当時の推奨すべき技術として理解するのがふつうである。けれども時代を追って比較し、研究してゆくと、その発達の段階を明確に把握することができるのである。農書を使った農業史研究の有効性を示す一例ともいえるであろう。

このあと、農業史研究会の大川裕子氏(上智大学)は一九四〇年に刊行された『江蘇省松江県農村実態調査報告書』(南満州鉄道株式会社調査部編)をみつけた。なんとそこには小論でみてきた田植とまったく同じ方法が記録されていた。『浦泖農咨』『農事幼聞』から一〇〇年が経っていたが、田植の方法に変化はなかったのだ。私たちの農業史研究はまさに現代に続いていたことが証明されたのである。

さらにF・H・キングの調査記録『東亜四千年の農民』をみていたところ、一九〇九年におこなった視察時の田植の写真が載せられていた（第百二十九図）。浙江省嘉興府付近の水田で同じ視点から一五分間隔で四枚の写真を連続撮影しており（ここに転載したのはそのうちの一枚）、当時の田植労働の動きまでもよくわかるように意図したものである。少し小さい写真であるが、辛うじて右から二人目の人物が植えている苗の数は六株であることがわかる。同書二一九〜二二〇頁の記事によれば一人が担当する六フィート（およそ一・八メートル）の幅に六株の苗を植え、株の間隔は八

〜九インチ（およそ二〇・三〜二二・九センチ）だという。しかしこの幅は前記の数値に比べて広すぎる。計算すればわかるように、六株分の幅の合計は一・二〜一・四メートルになる。ちなみに前掲史料での株の間隔は五〜六寸であったから一五〜一八センチで、その六株分の幅は九〇〜一〇八センチになる。キングの記す株の間隔ではさほどの違いはないものの、六株分で「六フィート」とするのは長過ぎる。何らかの誤りであろう。

ともあれ田植法は現代までの一五〇〇年間にわたって継承されている技術である。手間はかかるがそのメリットの大きさのために消滅することはなかった。ここでこの他の技術——施肥・水管理・中耕除草など——を紹介するだけの余裕はないが、いずれも歴史の経過のなかで発達し続けていた。人びとはイネの生産力を上げるために絶えず努力していたのであった。

【参考文献】

木村茂光編『雑穀　畑作農耕論の地平』青木書店、二〇〇三年
同『雑穀Ⅱ　粉食文化論の可能性』同、二〇〇六年
坪井洋文『稲を選んだ日本人　民俗的思考の世界』未来社、一九八二年
佐々木愛編『記憶された人と歴史　中国福建・江西・浙江の古墓・史跡調査記』デザインエッグ株式会社、二〇二三年
佐藤洋一郎『イネが語る日本と中国　図説・中国文化百華００４』農山漁村文化協会、二〇〇三年
同『稲の日本史』角川書店、二〇〇二年（文庫版、二〇一八年）
大澤正昭『妻と娘の唐宋時代　史料に語らせよう』東方書店、二〇二一年

同『陳旉農書の研究　12世紀東アジア稲作の到達点』農山漁村文化協会、一九九三年
同『唐宋変革期農業社会史研究』汲古書院、一九九六年
同『中国農書・農業史研究』汲古書院、二〇二四年
大川裕子・村上陽子・大澤正昭「『浦泖農咨』試釈」『上智史学』六五号、二〇二〇年
F・H・キング著、杉本俊朗訳『東亜四千年の農民』栗田書店、一九四四年

コラム1

江南の水利施設——古墓・史跡調査記『記憶された人と歴史』から

二〇一二年からコロナが流行する前の二〇一九年年末まで、私たちは毎年何度か中国江南の調査旅行に出かけた。その契機は私たちの研究会で取り組んでいた、南宋の判決文集『名公書判清明集』の舞台を実際にこの眼でみることであった。その後、科学研究費が得られることになり、宋代の古墓調査に重点を移したが、調査地域そのものを変更したわけではなかった。この旅行は、いわば私たちの手作り旅行で、ふつうのツアーとはまったく異なる緊張感があった。一般の観光旅行では決して行くことのない町や村を訪ね、また宋代の著名人の古墓を調査するのだから、現地のガイドさんでも知らないところがかなりあった（かの朱熹の墓にたどり着くまでがたいへんだったことなど）。そうして、中国の史跡案内には掲載されているのに、実際に現地に行くとほとんど何も残っておらず、竹藪のなかを墓の痕跡を探し回ったとか、お墓は文化大革命のときに破壊されたと村の人が話してくれたとか、予想外の事態に直面することもしばしばであった。一方、旅行そのものでもびっくりするような体験がたくさんあった。ホテルのシャワー室から水が流れだすなどはいつもことだが、冬の山の上のホテルなのに暖房がはいらないなどなど、毎回サプライズが満載であった。さしずめ〈ディープ江南サプライズ旅行〉である。ここで細かなサプライズまで紹介する余裕はないが、調査の詳細は佐々木愛編『記憶された人と歴史　中国福建・江西・浙江の古墓・史跡調査記』（以下『人と歴史』と略称）にまとめてある。興味のある方はどうぞご覧ください。この調査記のなかで私は景観と農業を担当し、各地で見聞きしたことをまとめている。そこでこのコラム1では本書の主題に関連する見聞を紹介することとしたい。すなわち稲作に欠かせない水利・灌漑施設の参観記を紹介する。

一

中国の水利問題については以前から研究が進んでおり、専門研究者の水利史研究会も活動を続けている。最近のこの分野では、たとえば大川裕子氏や井黒忍氏の研究のように、水利問題から出発して環境、農業、政治へと視野を広げた研究もおこなわれている（大川『中国古代の水利と地域開発』、井黒『分水と支配』）。新しい視点での研究が今後いっそう深化してゆくものと期待している。

さて、私たちの調査でみてきたのは四か所の灌漑用施設であった。年月の順にあげれば二〇一五年一二月の木蘭陂（もくらんは）（福建省）、二〇一七年九月の撫州金谿県（ぶ きんけい）（江西省）の青田満福壩（は）、二〇一九年五月の安豊塘（芍陂、安徽省）、同年一二月の通済堰（浙江省）がそれである。陂・壩・塘・堰と異なる名称ではあるが、古代から建設、補修が続けられてきた治水・灌漑のための施設である。

まず『人と歴史』から木蘭陂の参観記を引用しよう（四二頁）。記述は小論に合わせて多少文章を変えている。


農業関連の水利施設では、調査の最終日に見た莆田の木蘭坡があった。これは木蘭渓を堰き止めることで川の水を分け、灌漑地域を広げるための施設である。宋代、神宗の熙寧年間（一一世紀半ば）に造られたものという。構造としては、川を横断するように、石造りの舟形の土台を並べ、その間に堰を設ける［参考写真1］。これによって上流の水位を上げ、川の両岸に造った別の水路に水を流し込む仕組みである。［参考地図1］をみればわかるように、木蘭渓がここで細い水路に枝分かれしており、その先には水田があるはずだ。同じ構造の施設は日本の京都・嵐山にもあり、葛野大堰とよばれていた（大堰川という名称の由来）。これが造られたという五世紀後半の日本には石で堰の土台を作る技術はなかったし、その後も改良はされなかったようである。

この木蘭坡というすぐれた土木技術の成果を目の当たりにしたとき、宋代の土木技術の水準の高さを実感した。これは今回参観した三か所の石橋でも感じたことであった。……木蘭坡についての文献・記述は、管見の限りでは『宋史』巻一七三、食貨志・農田に「興化ノ木蘭坡、

［参考写真1］莆田の木蘭陂（二〇一五年一二月、戸田裕司氏撮影）

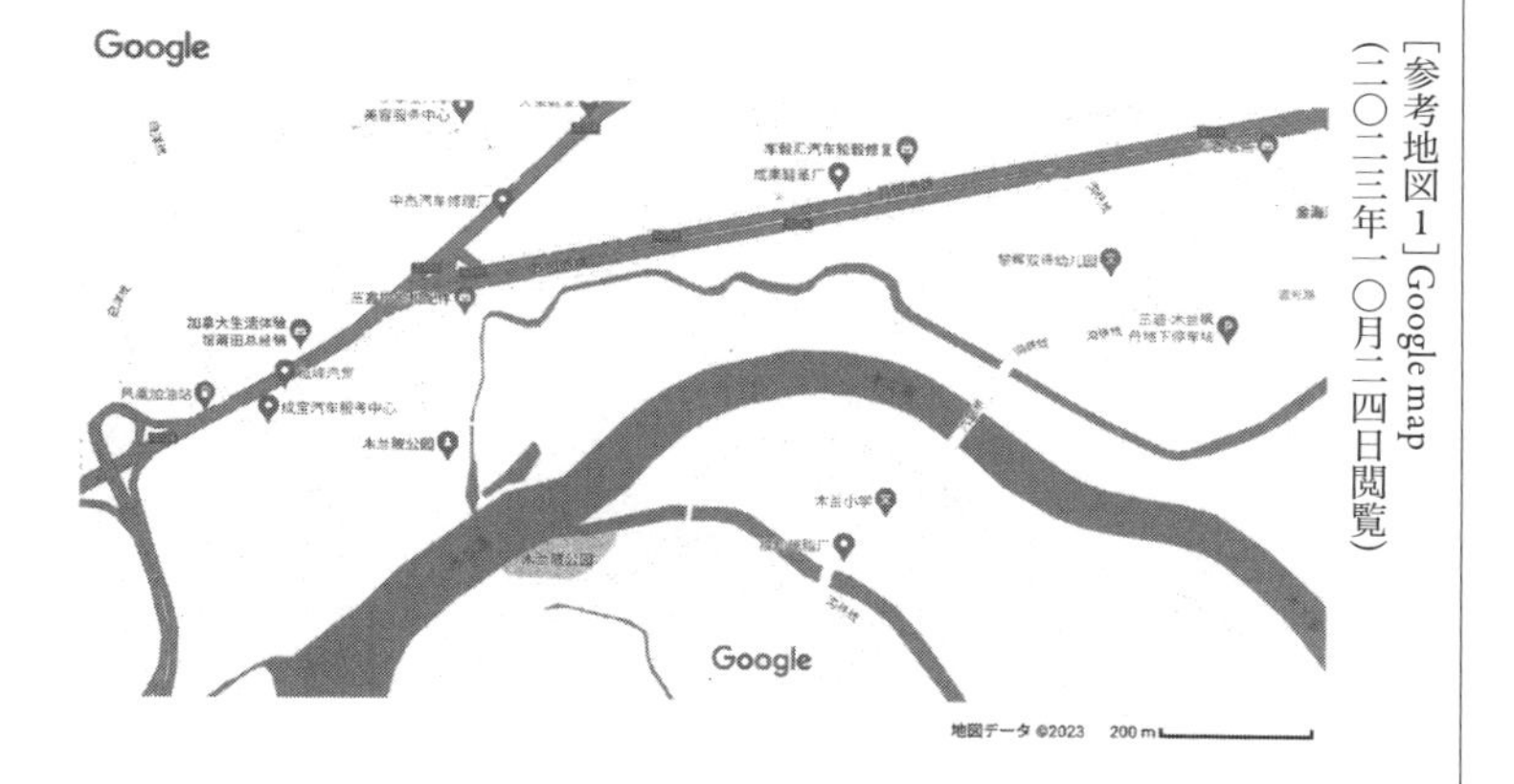

［参考地図1］Google map（二〇二三年一〇月二四日閲覧）

民田万頃ニ、歳々ニ其ノ澤ヲ飲マシム」とあるくらいなのである（当時の莆田は興化軍という行政管轄内にあった）。はるか後世になれば史料は増えてくるが、同時代史料の少なさは、当時としてはさほど珍しい施設ではなかったことを物語っているようである。とはいえこの施設を造ることによって新田が開かれ、あるいは豊かな水田が増えたことはまちがいない。宋代の農業生産力の高さはこのような土木建築の技術によっても支えられていた。

『人と歴史』の記事で必要な部分は以上に尽きる。［参考写真1］にあるように、かなり幅の広い木蘭渓を横断して、二〇基ほどの土台が並び、その間から水が流れ落ちるさまは雄大であった。ただ川の水が下水のような臭いを漂わせていたのだけは気になったが。

二

次に青田満福壩である。ここは陸九淵（象山）の墓地を調査した際に渡った、橋上村の橋である。［参考地形写真］の右下にあるのが青田満福橋（壩）で、右側が川の上流である。『人と歴史』では以下のように書いた（一七八〜一七九頁）。

さて、（橋の手前の）廟の前からは対岸の赤嶺源という山のふもとへ至る石橋がかけられていた。橋のたもとには、「青田満福橋」と題され、築造の由来が記された石碑（道光二二年と記してある）が立っている。石碑の中央には縦に一直線の割れ目が走っており、周囲はセメントで固められていた。おそらく文革の際に破壊されたものを修復したのであろう。橋の基部には「青田満福」というプレートがはめこまれていた。村役場の案内担当者の説明では、橋はここから下流の水田に水を分けるための施設だという。その時は、分水路らしき流れは見えなかったが、あとで地形写真を見たところ、左岸下流に分水路があるのを確認できた。この橋は灌漑施設としての分水堰の役割も果たしていたのである。また、この橋には両岸も含める

［参考地形写真］Google map（二〇二三年一〇月二六日閲覧）
画像©2023 CNES / Airbus, Maxar Technologies, 地図データ©2023　20m

と一二の橋脚があり、十二支に対応しているのだという。その形姿は泉州周辺で見た宋代の石橋と同じで、上流に舳先（へさき）を向けた舟形をしていた。その上には細長くて凸凹のある石板が三列に敷かれている。この橋板では徒歩でしか渡ることができないだろうと思いながら少し上流を見ると、川床に石畳の道が作られているのに気がついた。そうしてショベルカーが浅い川に入って修復工事を始めようとしているところだった。それが現代の車道で、石橋は歩道として大切に保存されていたのである（補足：現在の地形写真で橋の上流側に道路がみえる。これは私たちの調査後に完成したものである）。

足元に気をつけながら橋を渡ると、対岸の山裾をめぐるように小川が流れている。水量は豊かで下流の水田に灌漑用水を供給する役割を与えられている。その少し奥に「象山書画院」と表示された建物があった。案内担当者は、陸象山がこの辺に来て風景を眺めて書画を楽しんだのでしょう、最近新築しました、という。確かにここから南側の水田を一望でき、気持ちのよい佇まいである。

このようにいまも村で使われている橋が分水のための堰を兼ねる施設であった。木蘭陂とはまるで比較にならないほどの小規模な堰ではあるが、下流の水田を拡張するために造られたものであろう。上流は山間の盆地状になっており、この一帯が豊かな水田地帯のようにみえ、陸氏の農地も生産力が高かっただろうと想像がふくらんだことであった。

三

次に安徽省の安豊塘である。これは歴史上「芍陂」として知られてきたもので、現在は安豊塘とよばれている。その『人と歴史』の記事は以下の通りである(二七三〜二七四頁)。私たちは懐遠県から西に進み、北流する淮河の支流の堤防上を南下した。いわゆる淮南の平地を安豊塘に向かったことになる。記述はその道中、堤防上の道路を走っていたときからのものである。

……私たちが乗っているバスの左右に注目すると、右手(西側)には集落が散在し、左手(東側)には草原の合間にムギやナタネの畑、わずかな木立が見えるが、住居はない。時に墓と思われる円錐形の土盛りがあるくらいで、人が住んでいる気配はない。そこで「百度地図」を見せてもらうと、左手のはるかかなたには淮河およびその支流が北流しているらしい。とすれば淮河が時季によって増水し、このあたりまで水が来ていることが予想できる。つまり堤防上の道路の左側は淮河支流の広大な氾濫原であり、この時期は一部が農地として使われていたのである。

一方、右手側の地図には時おり「〇〇圩」という地名が出ていたが、寿県を過ぎて芍陂に近づくにつれて「田家圩」「魯家圩」といった地名が連続して現れてきた。「圩」というからにはもとは低湿地で、「圩岸」とよぶ堤防で囲んで水田を造成した場所のはずである。ただバスからの眺めではこうした地形は確認できなかった。帰国後に衛星写真を見たところ、格子状に走る道や水路があったことがわかったのだ。かつての「圩田」地域が耕地整理されたのであろうか。ともあれ私たちが通っていた「防汛(ぼうじん)」(汛とは大水・増水の意)堤防は氾濫原と住居・「圩田」地区とを区切り、後者を保護する役割を持っていたのである。こうして昼食をはさんで芍陂に着くまでの間、都合二時間余りであろうか、見渡す限りの低湿地大平原の中を、私たちのバスは走っていた。こうした特徴的景観を目の当たりにし、この平坦さこそが淮南地域における特徴的景観の一部なのであろうと実感した。この日の出発地である蚌埠(バンブー)から懐遠県周辺までの景観――右手側に丘陵、左手側に淮河――とはまったく異なるものであった。(中略)

(補足：こうして芍陂に到着したが、広大な湖沼のようなため池であった。駐車場付近に中国風の楼閣が建っており、その付近に芍陂の歴史などの解説板が設置されていた。)

淮河の南部地区については芍陂(安豊塘)をめぐる研究が蓄積されていた。古代から現代まで存続し、かつその水面の広大さから文献史料も多く残され、それらが研究の推進力となっていたのである。芍陂の水利施設としての機能は灌漑・貯水であったとされてきたが、村松弘一氏はこの地域の特徴から考えて、遊水池としての機能、つまり水害防止機能という側面を重視している(『中国古代環境史の研究』)。具体的にいえば芍陂は淮南の中心都市・寿春の都市機能を水害から守るための「生命線」であったという。広大な芍陂をはじめとする現地の状況を調査すると、こうした指摘は首肯できるものであった。ちなみに、私は唐・五代における淮南道の水利灌漑施設建設の記事を調べたことがあるが、関連する史料はほとんど残されていなかった(『唐宋変革期農業社会史研究』)。史料として残るほどの大規模な工事は行われなかったのであり、おそらく北魏以降ある種の安定状態に置かれていたと予想できる。

このように淮河支流平原の南部、つまり支流の上流部に芍陂は造られていた。当然、その下流部平原の農業を守るための施設であった。ここで私たちが予想していなかったのは低湿地帯に圩田を造成して水田にしていたことである。圩田の造成といえば太湖デルタしか知らなかった知識の浅さに恥じ入るばかりである。この他に江西省の鄱陽湖沿岸にも巨大な圩田はあった(二〇一四年三月調査)。考えてみれば、低湿地を堤防で囲んで水田を造成するという発想などどこにあってもおかしくはないのだ。日本では輪中である。ではなぜ淮南や鄱陽湖の圩田が知られていなかったのだろう。おそらく物流とかかわる立地条件が太湖デルタ地域よりも劣っていたのであろう。あらためて考え直す必要があるようだ。

四

最後に浙江省麗水市の通済堰である。ここは風光明媚な観光地で避暑地でもあった。『人と歴史』の記述は次の通り(二四八〜二四九頁)。

次いで今回の調査地域のもっとも特徴的な景観を示す、碧湖鎮（へきこ）の通済堰に向かった。通済堰は世界灌漑施設遺産に登録されているという中国有数の水利施設である。南朝梁時代の天監四（五〇五）年に造られたとされ、甌江（おうこう）の水を下流の農地に分けるための施設である。当初の灌漑面積は「二十万畝」といい、木材で造られていたが、宋代に石積みに改修され、閘門が造られるなど機能が強化されたという。こうして現在まで一五〇〇年以上にわたって維持され続けている、重要な灌漑施設であった。通済堰で取水された水は高低差二〇メートルという地形を利用して碧湖鎮およびその下流の平原を潤している。私たちのバスはこの平原を通り過ぎたが、初期に開かれていたと思われる水田はあまり見えず、畑地が多いという印象であった。いまは畑作や近郊農業が盛んになっているのであろう。農業生産のあり方は時代や経済事情によって異なるので、これがかつての景観とどれほど共通するかはよくわからない。とはいえ農業にとってきわめて有利な環境が歴史的に作られてきたのである。

こうした通済堰周辺の状況を参観した後、私たちは碧湖鎮に入った。ホテルにチェックインする前に老街（古い街並み）を参観したが、改築中の家々が目立つ街中に、鎮の歴史や著名人物を顕彰する記念館、「碧湖郷賢館」をみつけた。これも新築されて間もない、整然とした施設である。ここでは当然のことながら、通済堰の解説展示が大きな面積を占めていた。その詳細な展示物は、通済堰のみならず、この地域全体の把握に大いに役立つものであり、われわれも本日の現地参観の意義を考え直すことができた。

このように通済堰は山間（やまあい）の盆地に造られた灌漑施設で、前述の木蘭陂と同じような役割をもつ施設であった。ただ建設された年代が古く、その後に根本的な改築はなされなかったらしく宋代の石積み構造のままである。また灌漑地域は山間の盆地内に限られており、木蘭陂に比べれば灌漑面積はかなり狭かった。その分こぢんまりとしており、灌漑施設としての役割が理解しやすいものだった。

［参考写真2］麗水市碧湖鎮の通済堰（二〇一九年三月大澤撮影）

私たちの調査でみてきた水利・灌漑施設のおもなものは以上の通りである。木蘭陂は宋代、青田満福壩は清代末期(?)、安豊塘(芍陂)は漢代、通済堰は南朝梁代に、それぞれ建設された施設ではあるが、宋代に石造りの技術が一つの頂点に達していたことをうかがわせる共通点があった。いずれも農地の拡大や農業生産の発展を図る目的をもって築かれていた。宋代にはこのような施設を築くだけの高度な土木技術が存在していたのだ。またこれらの設置地域からいえばいずれも稲作のために設けられたものであり、唐宋時代を画期として稲作技術が発達した事実を裏付けるものともいえる。さらに大小さまざまではあるが、高度な技術と労働力・資材を用いて建設されたのだから、国家あるいは地方の権力を背景にした勧農政策の一環であることはいうまでもない。ここに共通しているのは、国家も人びとも稲作を主体とする農業生産、食糧生産の発展を切に願っていた事実である。

【参考文献】

佐々木愛編『記憶された人と歴史　中国福建・江西・浙江の古墓・史跡調査記』デザインエッグ株式会社、二〇二三年
大川裕子『中国古代の水利と地域開発』汲古書院、二〇一五年
井黒忍『分水と支配　金・モンゴル時代華北の水利と農業』早稲田大学出版部、二〇一三年
村松弘一『中国古代環境史の研究』汲古書院、二〇一六年
大澤正昭『唐宋変革期農業社会史研究』汲古書院、一九九六年

二章

乾燥地だって農業ができる

——華北乾地農法の開発と二年三毛作

はじめに

前章では日本人になじみの深い稲作を扱い、重要な栽培技術である田植の歴史を追いかけた。本章では中国農業の基本であった畑作について考え、華北乾地農法とコムギ作の普及について検討する。

さて、世界の四大文明については高校世界史で習う。かつては、それらの共通点はいずれも大河の流域に発生し、定期的な洪水と農業の発達が関係していたとされていた。中国文明も大まかにはその文脈上で理解されていたし、長江文明の研究が進んでいなかった時期には黄河文明と称されていた。しかし現在の教科書では「中国の古典文明」として説明され、黄河・長江流域の文明について述べられている。だが両大河の役割には何ら触れるところがない。これでは単に文明発生の場所が両大河の流域だったといっているに過ぎない。たしかに、たとえば黄河そのものを農業に利用することはできなかった。それどころか頻繁に起きる大洪水は手の施しようがなく、治水という考え方が出てくるのだが、それは強大な専制王朝の権力が確立した後である。

だが黄河がまったく役に立たなかったのではない。黄河の無数の支流は、古来、農地の灌漑に使われていた。日本のヤチ・ヤトなど沢水を利用した耕地の、規模を大きくしたイメージであろうか。とすると、この支流流域が文明の発生地だったのだろうか。もちろんそうした条件は有利で、多くの遺跡が発見されている。けれども灌漑の条件がないところでは農業ができなかったとすると、広く平坦な黄土台地が利用できなかったと思われ、全体の農業生産力はさほど高くなかったことになる。黄河中・下流域での高度な文明の発生はむつかしかっただろう。けれども文明は発生した。とすれば黄河流域には灌漑条件の有無を乗り越える、別の農業方式があったことになる。そう、灌漑条件のない地域では長い時間をかけて不利な条件を克服する農法が開発されたのだ。それが華北乾地農法である。本章ではこの農法を農書からうかがい、主要な作物がアワからコムギへと展開した畑作農業の歴史を考えてみたい。参考までに一九世紀に描かれた、これらの図を掲げておく。

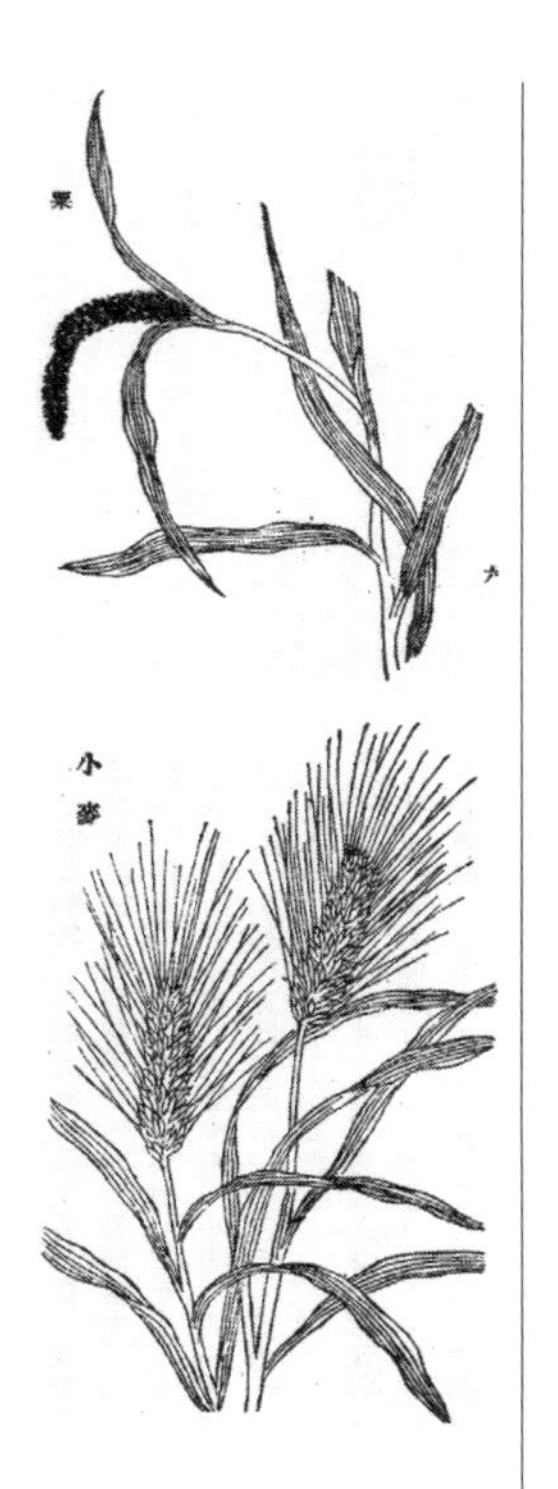

［参考図1］アワ（上）とコムギ（下）（『植物名実図考』より）

一――華北乾地農法と『斉民要術』以前

ではこの華北乾地農法とはどのような農法だと説明できるのだろう。ひとことでいえば灌漑用水に頼らない保水農法であり、「天水」つまり雨を最大限活用する農法である。現在、黄河中・下流域での年間雨量は、およそ六〇〇ミリで、わが東京周辺の三分の一ほどである。けれどもこれは乾燥化が進んだ現在の数値であり、古典文明の時代には森林も多く残っており、雨量はもっと多かったと思われる。

ちなみに高校世界史の教科書が黄土地帯を説明する際、必ず段々畑の写真を載せている。黄土色の段々畑が山頂まで届いている写真で、樹木が一本もない乾燥した畑地の風景である。二〇年ほど前、講義の必要上、何社かの教科書を比較したことがあるが、出版社に関係なく同一写真を使っていたのには驚いた。トリミングの仕方が多少異なっているだけであった。そこで手元にあった二〇一二年版の教科書(山川出版社『詳説世界史』)をめくってみると、[参考史料]のようになっていた。さすがに写真は別のものを使っていたけれども、用いている図柄はほぼ同じで「黄土地帯の段々畑」などというキャプションも同じであった。これは、高校生に、このように乾燥した黄土地帯から黄河文明が発生したのだというイメージを与え続けているのだが、これはどんなものだろう。黄河中・下流域は遅くとも一〇〇〇年ほど前まで、川の水量は多く、竹林が広がって秦嶺の森林も豊かだったという。このことは歴史地理学などの研究で証明されている（たとえば史念海氏「漢・唐時代の長安城と生態環境」）。黄河流域の雨量はもっと多かったはずだ。それ以後の農地開発などによって乾燥化が進んだのである。また段々畑が山頂まで連続する風景はかなり新しい時代のものであろう。他方、乾燥したイメージとは逆に、日本には「肥沃な黄土」という神話的

黄土地帯の段々畑　中国文明の発祥の地となった黄河流域は，内陸の高原・砂漠地帯から風に乗って運ばれた「黄土」の堆積した地域であるところから，一般に「黄土地帯」と呼ばれている。

［参考史料］教科書の黄土地帯のイメージ

な認識があったという。その誤りについては原宗子氏が明確に批判していた（『「農本」主義と「黄土」の発生』など）。いずれにしても中国の黄土地帯についてのかつての説明はあいまいであった。

このような問題はあるが、黄河流域は他の東・南アジアのようなモンスーンの影響を受ける地域ではなかった。いまよりは雨量が多かっただろうけれど、やはり比較的乾燥した地域の一部だったとみてよい。この自然条件の下で開発された農業の方法が華北乾地農法である。そうしてこの農法は、現存する中国最古の農書『斉民要術』（六世紀）に詳しく記されている。農業の発生からいえば数千年以上の歴史を経て、ようやく客観的に認識され、定式化された農法であった。それまでは地域ごとの経験を踏まえて改良されながら、語り継がれてきた農法だったのであろう。

そこで『斉民要術』に語ってもらおうと思うのだが、それより前の魏・晋時代（三世紀）に造られた墳墓に多数の農業関係の磚（レンガ）画や壁画が残されていた。その全体像は関尾史郎氏が整理し、分析しているのでそちらを参照していただきたいが（『三国志の考古学』など）、これらをみると当時の農業のイメージが湧いてくる。そこで、まずはその磚画の一部を紹介する。このうち農業関係の磚画が一か所に集中していてみやすいのは、甘粛省嘉峪関の墳墓の壁画である。ここは、明代の万里の長城の西端にあたる。ここはいうまでもなく乾燥地域であるが、アワあるいはコムギが栽培されていた。

ついでに書いておくと、二〇二二年公開の映画『小さき麦の花』はこの近くの甘粛省張掖市の農村で撮影されたという。映画には近年までおこなわれていた農作業の場面がたくさん映し出されていた。感動的なストーリーもさることながら、こうした農業の現場を映した作品は貴重なものである。もし機会があればぜひご覧いただきたいと思う。

ともあれこの周辺には古墓が数多く残されており、そのうち最大の、八基からなる古墓群が発掘調査された。一九七二年から四度にわたる調査の成果であった。この墓道などの壁には磚が貼られており、そこに当時の人びとの活動が描かれていた。壁画の数は六百余点、そのうち生

［参考図2］
上：犂耕、
中央：耙、
下：耱

産・屯田活動の壁画が八、九〇点あるという（『嘉峪関壁画墓発掘報告』）。このなかの春の耕作を描いた図を［参考図2］にあげてみよう。

上の図は犂耕で、春になったら長床犂で畑を犂き起こす。この犂の構造については本書の四章で詳しく説明するが、図にみえる横棒二本のうち下の横棒が「床」（日本では「いざり」とよぶ）とよばれる部品で、上の横棒は「轅」（日本では「ながえ」とよぶ）である。この型の犂を直轅型長床犂と分類しており、ここでは牛二頭挽きの犂である。犂で耕起したあとは土の塊が大きいので砕いてゆく。それが中央の図の耙で、横棒に木製か鉄製の歯が植えこまれている。この絵の歯は、その太さからみて木製であろう。上に人が乗って圧力をかけ、作業の効率を上げている。前記の映画にもこの作業の場面があり、印象的であった。耕起作業の最後に、下の図の耱でさらに土塊を細かくし、畑を平らにならす。そこに種子を播くのである。三世紀の嘉峪関という乾燥地域ではこのような農具の体系を構成して、毎年春に穀物の栽培を始めていた。

二――『斉民要術』は語る

では『斉民要術』にはどう書かれていたのか、少しのぞいてみよう。訳文は基本的に西山武一・熊代幸雄氏の『校訂譯註　齊民要術』に拠っている。ただしこの本では難解な農業用語がそのまま使われているので、思い切ってわかりやすい訳にしてみた。まず巻一「耕田」の項では種まき前の耕起作業を述べる。

○〈開墾して三年後〉荒れ地を耕し終わったら、鉄の歯がついた耙を二回かけ、耮(ろう)もやはり二回かける。その翌年はアワ畑にすることができる。

○春耕は牛が挽く犂で耕すはしから耮をかけて土を砕いてゆく。……犂の幅は狭いのがよく、耮は何度もかけるのがよい(原注：犂の幅が狭いと耕起作業が細やかになり、牛も疲れない。何度も耮をかけると土がよくこなれ、日照りになっても湿気が失われない)。……

といい、開墾から春耕までの方法を詳しく述べている。荒起こしから土塊の粉砕、畑地表面の均一化までの作業である。ここでの犂・耙は嘉峪関の磚画と同じものとみられるが、耱は耮とよばれるようになっている。おそらく同じ機能の農具だが、形態は変化していた。これより六〇〇年後の、元の王禎『農書』にはその改良型の図があり、［参考図3］のように描かれている。犂は四章に掲載したが（一八〇頁）、直轅型から曲轅型に変化し、耙は横棒一本ではなく、長方形の木の枠の長い二辺に釘のような鉄製の歯を植えこんだものになっている。一方、耱は植物の蔓や枝を耙のような木の枠に巻き付けたものになり、さらに樹木の枝をまとめて重しを乗せた撻も使われるようになっていた。これらを牛に挽かせるのだが、圧力をかけて耕土の粉砕効果をあげるために、耙・耢には重石や人を乗せる場合もあるという記述がある。このように形は改良されていたが、基本的な農具の体系は同じであった。

次いで「種穀」（アワの栽培法）の項の記事である。

○およそ春に種子を播くには深播きがよく、播いた後に重撻（耢の一種。［参考図3］の下）をかけておく（原注：……春でも雨が多い時は必ずしも重撻をかけなくてもよい。……）。およそアワを播くには雨の後がよい。小雨だったら土が湿っているうちに播く。大雨だったら草が生えるのを待って播く（原注：小雨の場合、土が湿っているうちに播かないとアワが生えてこない）。

○アワの芽が出て馬の耳の形になったら鋤で苗のまわりを耕し、草取りする。

○アワの苗が伸びてようやく畝の高さを越すころになったら深く鋤をかける。鋤は何遍でも多い方がよい。ひとわたり済んだらまたはじめからやる。まだ草が生えないからといって一時でも鋤をやめないこと（原注：鋤はただ草を取るだけではない。それによって畑土がよくこなれ、アワの実がたくさんつく。……）。

といい、種子の播き方と雨量の関係、また芽が出たら中耕・除草を始めることなどの注意点を述べている。さらに鋤のやり方をていねいに述べる。この鋤とは農具の名称でもあり、作業の呼称でもある。前章でもみた、人力による中耕・除草（根の周辺の耕耘と雑草取り）の作業で、畑作ではこれを何度もおこなうよう求めていた。この引用部分の後でも鋤に対する注意が記されているが、

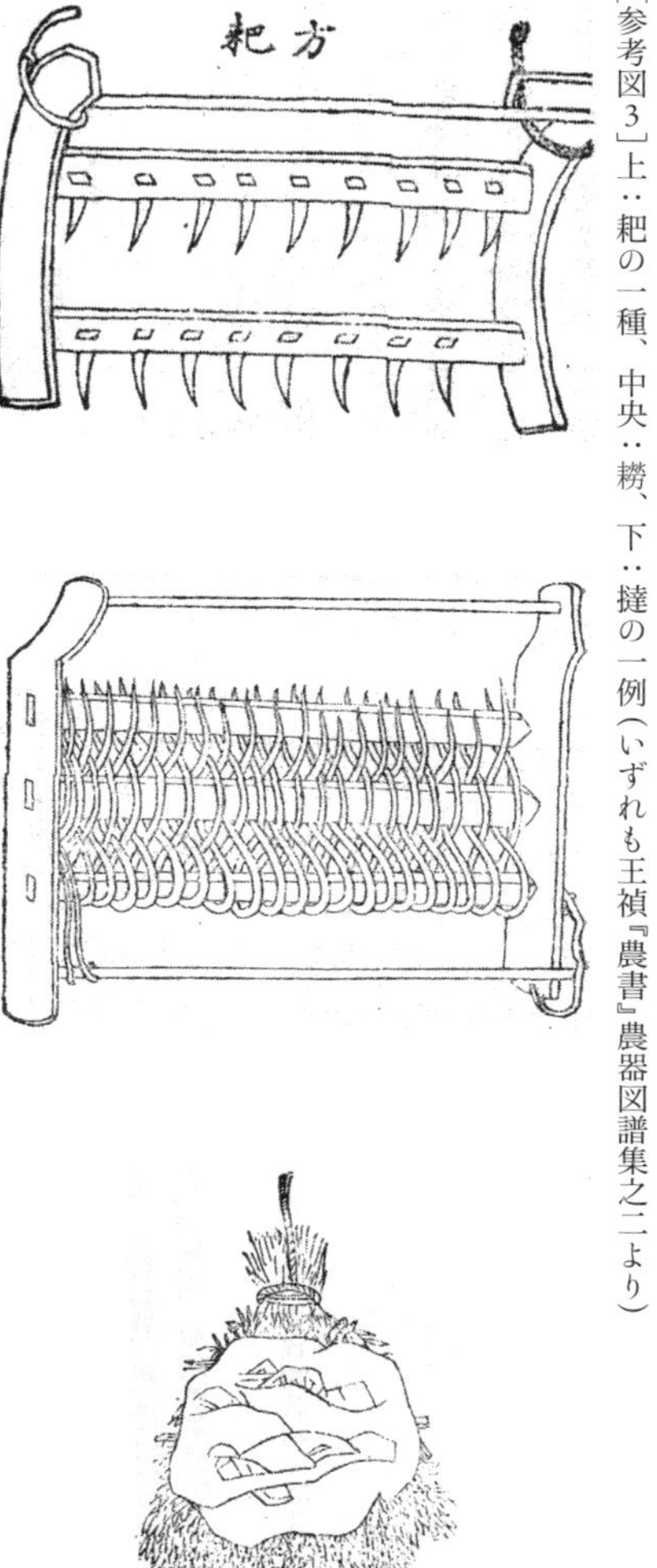

［参考図3］上：耙の一種、中央：耮、下：撻の一例（いずれも王禎『農書』農器図譜集之二より）

この農法ではきわめて重視された作業である。この作業に使う農具の例を［参考図4］に掲げる。いずれも農民が手にもって作業をおこなう農具で、上図は柄の長さから考えると立ったまま使うものであろう。王禎『農書』にはこのほかさまざまな形のものが載せられている。それらは現地の気候や土質などの条件に合うように工夫し、改良された結果なのである。

以上の農法の記述を現代の科学的な見方で、きわめて簡潔に説明すれば次のようになる。

黄河中・下流域の乾燥地域では雨は春・夏に集中して降り、秋・冬は乾燥している。ここで春に雨が降った場合、雨水が畑土のなかに浸みこんでゆくが、雨が止んだ後、毛細管現象によって畑土のなかから水分が上昇し、蒸発してしまう。するとアワの種子が発芽するための水分として使うことはできない。そこで雨の直後に、犂をかけて土の表面の毛細管を切り、土中に水分を閉じ込めるのである。このとき牛が挽く長床犂で耕せば、いち早く広い面積を耕すことができ、また犂の長い床が土を鎮圧する役割を果たす。その後、耙で大きい土塊を砕き、耮・撻でさらに細かく砕いて整地する。こうして長床犂で耕起し、耙・耮で砕土する「犂耕―耙―耮」の耕起・整地体系ができあがる。そこへ種子を播き、土で薄く覆う。これが春の耕起から播種までの過程であるが、華北乾地農法はこれだけでは完結しない。夏にアワが成長する過程で人力用の農具・鋤で中耕・除草作業を丹念に繰り返すことが必須である。この役割についても前記『斉民要術』が的確に述べていた。草取りが作物の成長を助けるのはいうまでもないが、中耕して根元の土をこなせば根の張りがよくなり、作物の成長がよくなる。さらに雨の水分を土中に止める意味もある。このように牛力と人力を結合し、春・夏を通じた一連の作業が華北乾地農法の基本であった。合理的で高度な農業技術といえよう。六世紀段階でこの技術が定式化されていたのであるから中国農業はアジアの最先端であったといえよう。

ただ注意しておきたいのは、この定式化が北魏時代のすべての農村で一律に採用されていたとはいえないという点である。これは『斉民要術』が推奨していた農法であり、おそらく多くの農家が採用していただろう。けれども、『斉民要術』の記事は現実に実施されていた農業の記録ではなかった。ともすれば史料の記述と現実とを混同することがあり、技術のレベルの高さのみを強調してしまう結果になる。こうした農書の記事の性格は研究を進める際に十分注意しておきたい点である。ともあれ北魏以後の時代、この農法は着実に普及し継承され、さらに地域ごとの実情にあわせて改良されていった。それは後世の農書に明記されている。

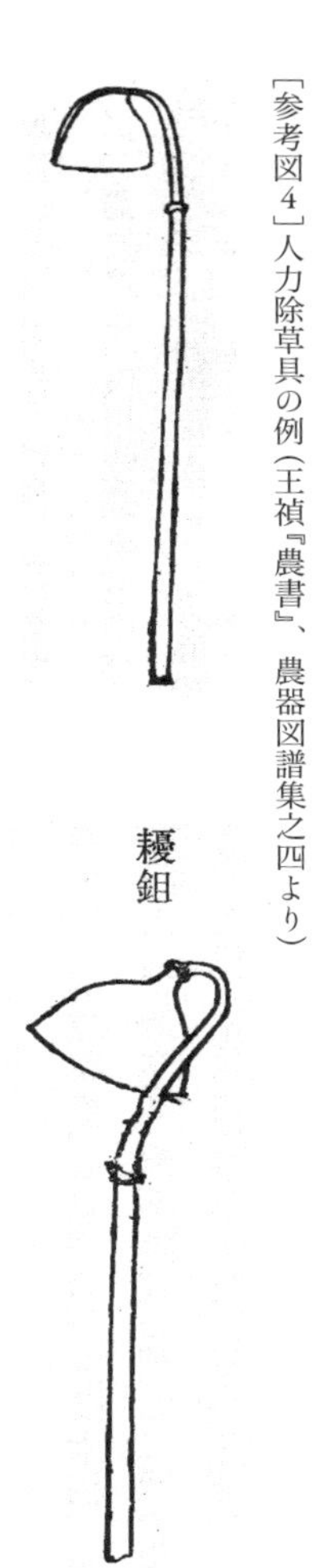

［参考図4］人力除草具の例（王禎『農書』、農器図譜集之四より）

三──『斉民要術』を受け継いで

後の農書に継承された『斉民要術』の技術では、春耕はいうまでもないが、とりわけ夏の「鋤」つまり中耕・除草の技術が強調されるようになってゆく。一〇世紀、五代・宋初の『四時纂要』二月の条には前掲『斉民要術』巻一「種穀」の最初の記事を引用し、その後に「鋤スルコト十遍ニ満ツレバ、粟ハ八米ヲ得（鋤を一〇回かけると、アワの実入りが八割に増える）」ということわざを付け加えている。この意味は、ふつうのアワは脱穀すると嵩（かさ）が五割ほどになるが、鋤をくりかえすことで米（＝実）の入り具合が八割にも増えるというのである。丹念な鋤の作業を強調したことわざで、これが付け加えられていたということは、その重要な意義が広く認識されるようになっていたことを物語っている。

これが一三世紀、元の『農桑輯要（のうそうしゅうよう）』になると『斉民要術』の記事を引用したあとで、それを発展させた技術を補足している。そこでは金末から元初に数多く書かれた農書類を引用するのだが、それらはどれも鋤の作業を強調している。その一例をあげると、『斉民要術』を長々と引用したあと、『種蒔直説（しゅじちょくせつ）』という農書を引用する。そこではつぎのように鋤の重要性を確認し、さらに新しい農具をも推奨していた。

苗の中耕・除草は四回おこなう。……一回の作業でも手抜きすると、雑草の害があり、実入りが悪くなる。いまの農具では、……ここに一つの農具がある。沿海地方で開発されたもので、「耬鋤（ろうじょ）」という。一回目の中耕・除草の後、一頭のロバの口に袋をかぶせてこれを挽かせる。はじめは人がロバを誘導するが、慣れれば誘導はいらなくなり、一人が軽く耬鋤を支えるだけでよい。〔耬鋤の先端が〕二、三寸の深さまで土に入り、〔人力の〕鋤の三倍の深さになる。処理できる畑は一日に二〇畝どころではない。

（『農桑輯要』巻二「種穀」）

この耬鋤はロバが牽引する新型農具で、その効率の良さを評価している。王禎『農書』も同じく『種蒔直説』を引用するが、その図を載せており、わかりやすい（［参考図5］参照）。ただこれは畜力農具なので作業が行き届かない点もある。この欠点について王禎はまた別の農書である『韓氏直説』を引いて、

［参考図5］畜力用の耬鋤（王禎『農書』、農器図譜集之四より）

［参考図6］耕槃（上）とくびき（下）

耬鋤をかけたとき、苗の間に刃が届かない隙間があれば、〔人力の〕鋤を用いて穴埋めする。

という。畜力農具を利用した場合の欠点を人力で補うのである。前章の稲作では耘盪（うんとう）が開発されたが、同じように、畑作でも夏の中耕・除草の重労働を軽減するための工夫が凝らされていた。この畜力の応用は遊牧民族の王朝・元が支配していたことと関係するのかもしれない。中耕・除草はそれだけ避けて通れない重要な作業として位置づけられていた。

ここで畜力用具に関連して述べれば、王禎『農書』は当時の犂の装具に関して注目すべき点を記していた。

耕槃（こうばん）は犂を挽かせる道具である。〔唐・陸亀蒙の〕『耒耜経（らいしきょう）』に次のようにある。「犂の轅の先端で横になっている部品を『槃』という。回転できるという意で、左右〔の端〕をくびきにつないで挽かせる」と。旧式の耕槃はやや短く、一頭あるいは二頭の牛に挽かせるように犂と連結していた。いまの各地方では犂の使い方が異なっており、三頭、四頭の牛〔を用いる〕。耕槃は長さ五尺〔＝一・五メートル〕ほどのまっすぐな木を使う。中間に掛け金をつけ、耕起作業のときは犂の先端をここに取り付ける。くびきと前・後の組にし、犂とは〔直接〕連結しない。この図を示す。

（農器図譜集之二　耕槃）

この耕槃も［参考図6］をみるとわかりやすい。上の耕槃のロープが下のくびきのロープとひと続きになっていると考えればよい。そうしてくびきは牛の肩にかけ、耕槃の環状の金具に犂の先端を取り付けるのだ。

ここで注目したいのは記述された犂の大きさである。旧式の犂は牛一、二頭挽きであったが、元代には三、四頭挽きもあるという。これは三、四頭の牛を横並びにして二台か三台の犂を挽かせるという解釈も考えられるが、犂を並べて挽くと考えると、速度をそろえるのも、操縦するのもむつかしいだろう。これは一台の大型犂に違いない。牛を二頭ずつ四頭、縦に並べるか、先頭の一頭に二頭を続かせるかして犂一台を挽かせるのである。これは、いうまでもなく大規模な農地で使われるのだ。こうして農地の規模に合わせて犂の大小を選択していた。犂のほかに、おそらく耙も耢も大小さまざまなタイプがあったのであろう。前述の耬鋤と同様に、畜力農具が改良され、その形態が農地の規模に柔軟に対応していた。これは農具のひとつの発達段階を示していることになる。

四——一九世紀前半の乾地農法

さらに六〇〇年後、一九世紀前半、清朝末期に楊秀元(しゅうげん)が『農言著実(のうげんちゃくじつ)』を著わした。この本を読むと、華北乾地農法の技術が継承され、また現地の条件に合わせて改良、発展させられていたことが明らかになる。この書名は「農家経営の本心」といった意味で、農業経営者の楊氏が子孫に与えた家訓である。そのなかで彼は農業経営のコツをまとめて子孫に伝授しようとしていた。だがこうした著作であるがゆえに、日常の用語や口語表現などが混じっていて、読解がきわめて困難であった。私たちは農業史研究会でこの農書と格闘していたが、内容を理解するためぜひ現地に行ってこの記述と照らし合わせてみたいと思うようになった。たまたま二〇一六年にJFE21世紀財団の研究基金を得ることができ、念願の現地調査が実現した。フィールドワークと文献研究の結合である。これによって記事と現実を照合することができたし、記事の解釈も一歩進んだと思っている。

楊氏の農場の所在地は陝西省西安市の北東三〇キロほどの三原県(さんげん)で、黄土台地上の、唐の初代皇帝李淵の墓(高祖の献陵)のそばである。この畑については『農言著実』第1条に、正月に仕事がなければ雇い人をコムギ畑に行かせて（畑に埋まっている）敷き瓦類を拾わせ、畑の端に放り投げて積み上げさせ、コムギの収穫が終わったらすぐに穴を掘って埋めさせなさい。毎年このようにすれば、そのうちに敷き瓦類は自然となくなる。しかし（献）陵内には敷き瓦があまりに多いので、一遍には拾いきれない。どうしても毎年このような労力がかかるのだ。

と書かれていた。楊秀元は、唐王朝が滅んで一〇〇〇年ほど経っても、陵墓に使われていた敷き瓦が畑に埋まっており、余計な手間がかかるのだと嘆いていた。

私たちが現地に行ってみると、何の変哲もない黄土の小山がすなわち献陵であり、その周辺一面が畑になっていた。唐王朝の初代皇帝の墓の周囲なのだから、もう少し威厳のある陵墓風景を期待していた。だが、まったく肩透かしをくったような気分であった。この畑には作物の芽（「馬の耳」の形ではなかったから、アワではないと思う）が出ていたけれど、敷き瓦などはみつからなかった。そうして献陵から直線距離で三、四〇〇メートルほど進むと、突然畑が途切れ、黄土台地がなくなっていた。［参考写真］をみていただけばわかるように、崖の手前には何の目印も柵もなく、まさに断崖であった。大雨が降ればたちまち崩れ落ちるだろうと思われる黄土の崖である。黄土の台地を目の当たりにしたのは初めてで、これほど断崖が鋭く、深いとは思いもしなかった。崖の途中には段々畑が何段かみえたが、春先の黄色っぽい靄（もや）がかかって下の平地までは見通せなかった。この農場はまさに黄土の台地上に位置しており、そこは灌漑用水どころか一本の小川さえもない平地であった。ここは天水だけが頼りの農業なのだと実感したことであった。

さて、『農言著実』の記事によれば、ここの畑ではアワとコムギ・ウマゴヤシの二毛作やアワの単作をおこなっていた。ウマゴヤシは日本ではクローバーとして知られているものの、作物としては認識されていない。けれどもその若いうちは野菜として食べることができ（町の食堂で炒め物を食べてみたが、味はとくに気にならなかった）、また成長したのちも家畜の飼料とされていた。

この畑地の農業では、当然、雨量に絶えず注意していた。たとえば私たちの「試釈」の第34条で次のようにいわれている。

コムギの収穫後、まず畑を浅く耕し、雨が降ったらアワを播くべきだということは、すでに述べた。だからいちいち繰り返すまでもない。ただアワは必ず雨が降ったあとに播きなさい。……雨が降らないときは、前もって浅く耕しておいた畑に耬（ろう）（＝種まき機）や手で種子を播き、乾いた土に播いて地中で雨を待たせる。ほどなくして雨が降れば、わが家のアワは他の家が後から播いたアワより丈夫になる。しかし注意も必要である。畑土がわずかな含水量であれば、絶対に播いてはいけない。必ず乾いた土に播くこと。……

このように雨が降るかどうか。その降り具合はどうか、によってアワの種子の播き方を変えよといっている。『斉民要術』の段階よりもかなり細かな配慮がなされていた。この冒頭で述べているのは、アワを播く前の耕起作業であり、このほか春耕についてだけを記述している項目はない。というのはこの農地ではコムギなどのあと地にアワを栽培する方式をとっているからで、記述はそれを前提としている。第30条で次のようにいう。

コムギのあと地ではとにかくまず浅く耕し、その後、大型の犂で二回深く耕す。農民たちが

〔参考写真〕黄土台地の先端（二〇一六年三月一九日、大澤撮影）

「初めは〔浅く耕して土の〕皮を破り、次に深く耕して泥を出す」といっているのはこのことである。

ここでは浅耕と深耕を使い分け、計三回の耕起をおこなっていることがわかる。さきにみたように華北乾地農法では犂のあとに耙・耮をかける作業がセットになっているが、ここでは耙・耮の作業はとくに記されていない。ただ別の条で耱という農具で保水作業をするという記述はある。おそらくコムギを刈り取って間もなくアワの種播きをおこなわねばならず、砕土・整地にかける時間的な余裕がないのであろう。その分、中耕・除草の重要性を強調している。第38条で、

「アワ栽培には鋤が肝要で、コムギ栽培には播種が肝要だ」という。アワが芽を出し、およそサイカチの棘ほどの高さになったら、必ず誰かに鋤をかけさせるように。鋤をかけた後に雨が降ったら、随時二回間引きさせる。人手は多ければ多いほどよい。日雇い人の費用がかさむからといって、出し惜しみして作業をやらないことがないようにせよ。……そのうえいつも〔口癖のように〕「アワの鋤は黄葉、豆の鋤は角〔アワは葉が黄色くなるまで、豆は莢ができるまで鋤をかけろ〕といってきた。人手が余ったらアワに鋤をかけるのは、まさに「辞退する言い訳などない」〔唐・韓愈の表現〕のだ。

といい、間引きもかねて、アワに鋤をかける作業の重要性をしっかり述べていた。少々の経費がかかっても「出し惜しみ」、簡単にいえば「ケチ」であってはならない作業であった。

こうして華北乾地農法は春耕と夏の鋤の作業を基本に据え、当地にあわせた改良をおこないながら一九世紀まで継承され、発達を遂げてきた。乾燥地であっても農業の実をあげる方法が開発されていたのである。ではこの農法で主に何を栽培してきたのかといえば、前掲史料が語っているようにアワとコムギであった。『斉民要術』段階ではアワが主体であったが、『農言著実』ではアワとコムギに変わっていた。こうした作物の構成はいつから変化したのであろうか。次にこの問題を考えてみる。

五――二年間で三種の作物

唐代にコムギ粉食が流行していたことは「はじめに」で述べたし、三章でも詳しく取り上げる。それは史料上でどう記されているのだろう。まずこれを確かめる。このとき目安になるのはコムギを粉に碾く道具、「碾磑」の普及である。これはいわゆる碾き臼のことで、一人で碾く石臼もあれば、水力利用の大型臼もあり(一例は[参考図7]参照)、大小さまざまであった。もとよりコムギは外皮と実が密着しており、籾摺りが難しい。そのため外皮ごと粉に碾き、皮などのくずであるふすまなどを除いて食用にする方法が採られてきた。この作業に用いる大型碾磑が唐代の社会問題を引き起こしていたのである。このことは、唐までの歴代の制度の通史である唐・杜佑(七三四~八一二年)著『通典』に記事がある。

永徽六(六五五)年、雍州(現陝西省西安)長官の長孫祥が以下のように上奏した。「往年鄭渠・白渠は四万頃*余りの農地を灌漑しておりました。いま裕福な商人たちが碾磑を設置し、堰を設けて水を分けており、水路の流れが塞がって通じません。(このため)灌漑できる農地は一万頃ほどになっています。この水路を作り直し、人々の役に立つようにすることをお願い致します。〔そうすれば〕アルカリ分が浮いてきた農地であっても水田とすることができるでしょう」と。高宗はいった。「水路の流れを通るようにして、灌漑に用いれば日照りの被害を救い、まさに大きな利益となる」と。……そこで長孫祥等に水路のほとりの碾磑を検分させ、すべて破壊させた。大暦年間（七六六～七七九年）になったとき水田は六二〇〇頃余りであった。

（巻二、食貨・水利田）

＊「頃」は面積の単位で、一頃＝一〇〇畝。五・八ヘクタールほど。

この記事にいう碾磑の詳細は不明ながら、［参考図7］に引いたような形式のものもあったのだろう。鄭渠・白渠という、秦漢時代以来の運河から水を引いて水車を回転させ、連結した碾磑を回転させるのである。同様な碾磑は玄宗時代（七一二～七五六年）の宦官で権勢を振るった高力士も経営していた。唐代の正史『旧唐書』の列伝によれば、

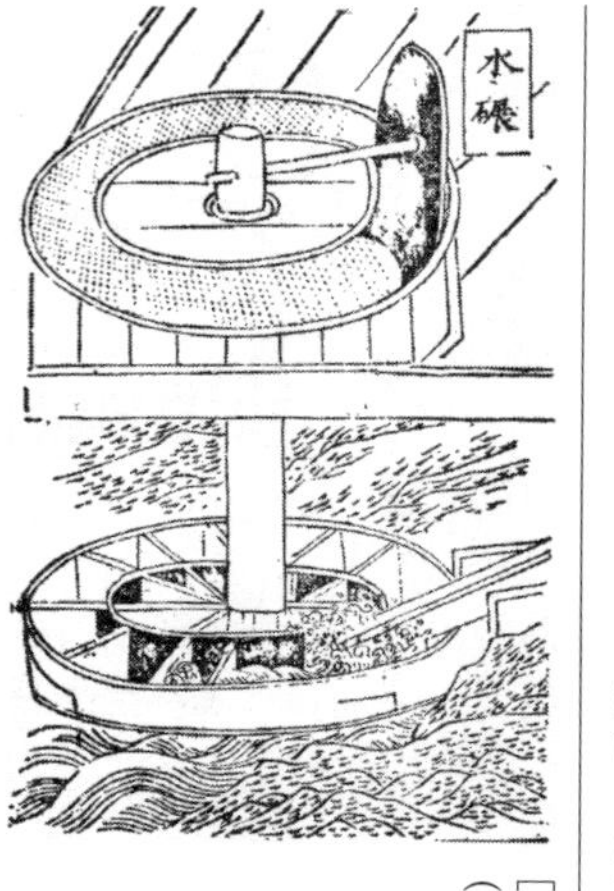

［参考図7］水力利用の大型碾磑の例
（王禎『農書』農器図譜集之十四、利用門・水碾より）

長安の西北の灃水をさえぎって碾磑を設置し、五つの水車をならべて回転させ、一日に麦三〇〇石を碾いた。（巻一八四高力士伝）

という。一石はおよそ六リットルだから、一日におよそ一八〇〇リットルのコムギ粉を製造したことになる。この数字の通りなら相当な製粉量である。

このように唐代の初期から都の長安近辺で灌漑用水や河川を利用して碾磑を動かし、コムギ粉を碾いている有力者・大商人たちがいた。『通典』の記事では、政府の破壊命令によって碾磑はなくなったが、一〇〇年余り後になっても灌漑面積は回復せず、禁令が出た時点の六割余りと、さらに減っていた（『通典』巻一七四、州郡に詳しい）。ということは禁令が出たにもかかわらず、碾磑はかなりの程度まで復活したのであろう。高力士の例をみると復活どころかさらに増加していたのではないかとさえ思われる。それだけ製粉業に対する需要が高かったという事実、つまりこの当時、コムギ粉食が大流行していた事実を表しているのである。

こうしたコムギ粉食の流行は、遅くとも唐代に、それまで主食であったアワの栽培にコムギが加えられ、その比重が高まったということである。つまり、農業生産の現場がコムギ粉食品の流行による需要の増加を支えていたのだ。これは穀類を生産している現場で新たにコムギを導入するか、あるいはアワとコムギの両種を生産する工夫がおこなわれたことを意味する。といっても新たにコムギ畑を造成するのは手間がかかる。またアワの栽培面積のうちのいく分かをコムギに譲ったわけでもないだろう。農民は従来の畑地のままでも、この作物二種の組み合わせ栽培をおこなうことができると気づいたのである。なぜならコムギは他の作物と異なって、秋に播いて越冬する作物だからである。これを冬小麦という。もちろん寒さが厳しい地方では越冬が難しいので春に植え付ける春小麦が栽培されるものの、黄河中・下流域の主要な地域では冬小麦が栽培できた。アワはもちろん春に播種して秋に収穫するのだから、そのあと地にコムギを栽培すればよいことになる。こうすれば連作を嫌うアワも毎年収穫できるし、需要が拡大したコムギも収穫できるのである。

ただ解決すべき問題はあった。アワ・コムギのような穀類を連作し続けると土地が痩せてくる。地力が衰えるのである。従来からそれなりの肥料は施してはいるものの、栽培する作物の増加に対して十分な量の肥料を確保するのは簡単ではない。そこで編み出されたのが二年三毛作方式である。これは二年間で三種類の作物を収穫する作付け方式で、アワとコムギを主作物とする。そうしてもう一種類の作物は地力の負担が少ない豆類とするか、収穫はあきらめて苗のうちに埋めこんで緑肥にするかといった選択をする。また地力の維持を意識して農地の休閑も挟むことにする。こう考えるとそのサイクルはたとえば次のようになる。○は播種、×は収穫である。

一年目・春　夏　秋　冬　／二年目・春　夏　秋　冬　／三年目・春　夏　秋
アワ　コムギ　豆類　アワ　コムギ
○——×○——————×○——（×）　休閑　○————×○——……

　このようなサイクルで栽培すれば二年間にアワ・コムギ＋αの収穫を確保できる。この考え方の基本は現代にまで継承され、六年七毛作など多様な作物の組み合わせがおこなわれているという。ではこの二年三毛作はいつから始まったのだろうか。この点については論争があった。

六——二年三毛作論争

唐代に二年三毛作が始まったと、最初に主張したのは西嶋定生氏であった。氏は前述の碾磑に関する史料を蒐集して「碾磑の彼方」という、学術論文らしからぬ題名の論文を書き、評判をよんだ(一九四六年)。そこでは碾磑＝コムギ粉食の流行から説き起こして、コムギへの需要増大と唐代における二年三毛作の開始を指摘した。ただしそうした史料の存在を発見したのではない。傍証を集めて論理的に証明したのである。そうして農業生産力の発展による大土地所有、つまり荘園の増加を見通し、後の唐宋変革期論争への端緒とした。

この二年三毛作の議論に対して異論を提起したのは米田賢次郎氏であった(一九五九年)。氏は『斉民要術』の記事を網羅し、この段階ですでに二年三毛作の基礎的技術が完成しているとした。それは麦・アワと他の作物の組み合わせ方式の検討で、ある作物の前後に何を栽培するかという記事を網羅した。そうしてたとえば麦の後に小豆・大豆などを栽培するとか、アワの前に緑豆・小豆などを栽培するという栽培順序の存在を指摘した。さらにこの方式は戦国時代から漢代まで遡ることができると主張したのである。これに対して西嶋氏は詳細な反論を展開し(一九六四年)、米田説の史料解釈の不十分さを指摘した。それは同一の畑地でアワと麦を連続して栽培していた記事がないことなどであった。結論として「大半の史料は粟と麦との二毛作ないしは二年三毛作を示すものとは理解できないもの」であるとした。

たしかに西嶋説の厳密な史料解釈は説得力をもっていた。だが一歩退いて考えると、農業のあり方と史料解釈の厳密さとは相容れないような感覚があることも告白せざるを得ない。つまり史料の記述はごく限られた視野内での記述であり、史料がなくても現実の農業ではおこなわれていた可能性はある。現実は史料よりも柔軟で切実なものであった。たとえば『斉民要術』に記された麦の前・後作の記事は、土地の有効活用のためにできることは何でもする、あるいはせざるを得ないという農業現場の気分を反映しているのであろう。コムギ粉食の流行があれば、農民は何とかして手元の畑でコムギを栽培しようと考えるのが自然である。そうした行動が広がれば何らかの記事が残され、さらにそのなかのわずかなものが現代に伝わる。だが農業の場合は史料が残らない方が圧倒的に多い。つまり私たちが使っている史料とはある時代のほんのわずかな事実しか伝えていない。文献歴史学の限界である。とはいえ、史料が存在しないのに事実があったとはいえないのだ。そこで私たちはあきらめるのかといえばそうではない。視角を変えて史料に当たれば新たにみえてくるものもある。

そうして私は唐代の一つの史料をみつけ、論文を書いた(一九八一年)。『旧唐書』巻八四劉仁軌伝に次のような記事があったのだ。

貞観一四（六四〇）年、太宗は同州（現陝西省）に出かけ狩りをおこなおうとした。そのとき作物の収穫は終わっていなかった。劉仁軌は文書を差し出し、次のように諫めた。「……今年は雨が適度に降り、作物の実りは大いに期待でき、実りの色が農地一面に広がっています。けれども刈り取り作業はわずかに一、二割終わっただけで、全力で刈り取っても月の半ばにはまだ終わらないでしょう。貧困な農家は人手が足りないけれども、アワの後にはじめて麦を播こうとしています。〔このとき農民を〕お上の労役に駆り出すのは農家の仕事を妨げることになります。いますでに皇帝の狩猟への出御を承ったからには、さらに橋や道路の修理が必要です。たといこの作業をきわめて簡略にしたとしても、ややもすれば一、二万人の労働力を費やすことになるでしょう。人々の収穫作業はまことに混乱を極める事態になります。……」と。太宗はとくに詔書を下してねぎらっていった。「……朕はあなたの意見をうれしく思う」と。

この史料は、太宗が狩猟に出ようと計画したとき、のちに宰相になった劉仁軌がいまはその時期ではないと諫めたという話である。問題は傍線部の記述で、原文は「禾下始擬種麦」である。訓読すれば「禾（あわ）ノ下（もと）ニ始メテ麦ヲ種（う）エント擬（ほっ）ス」となる。これはまさにアワ―麦の連作を示す記事である。前述の二年三毛作の重要な一環であり、唐代の初期にこの方式が現場で実践されていたことがわかる。ただこの記事を詳細に読むと、「貧困な農家（原文：貧家）」と「はじめて（原文：

始)」の文字がある。つまり貧困な農家がこの時点で始めてアワ─麦の連作に取り組もうとしているのである。けれどもこの連作に豆類や休閑が挟まっていたという記述はなく、厳密な意味での二年三毛作ではない。それを実施した可能性を示すにとどまる。ただ、土地利用の効率や作物生産の必要性から考えれば、アワ─麦の後に何らかの作物を栽培した可能性は高い。さらにこの議論が前提としているのは少数の農家ではなく、相応の数の農家がアワ─麦の栽培をおこなおうとしていた現実である。それゆえ劉仁軌は太宗の狩猟の影響がかなり大きいと判断して反対論を展開していたとみられる。こう解釈すれば、長安のすぐ東にある同州でおそらく二年三毛作が始まったであろうと推測できるし、それは「貧家」の場合だったことがわかる。先の論争とのかかわりでいえば、二年三毛作はこのころに開始された可能性が大きいのだ。この結論は西嶋説に近くなるが話はそう単純ではない。

なぜ人手の足りない「貧家」が連作を取り入れるのかという問題がある。端的にいえば、必要に迫られていたからに他ならない。貧困な農家は労働を強化することで、わずかではあっても収穫を増やさねばならなかった。逆にいえば裕福な農家やふつうの農家は、労働力と肥料の負担を考えて手を出さなかったとみられる。この時点で開始されようとしていた二年三毛作はまだ一部の特殊な技術だった。このため明確に二年三毛作を記録した記事が唐代には残されていなかった。それが確認されるようになるのは明代になってからであり、これは李令福氏が主張したところである(一九九五年)。明代になれば、関連史料が多く残され、肥料技術も発達して地力の維持と増強が確保できたのである。

ちなみに李氏は二〇二三年九月の中国農書シンポジウム（於上智大学）で、清代後半期の『農言著実』では二年三毛作をおこなっていなかったと主張した。たしかにそこにアワ・コムギに豆類・休閑を挟んだ輪作の体系はみられず、その定義での二年三毛作は実施されていなかった。けれどもコムギを主体とした幾通りかの輪作は明示されていた。ここで生産力の発達、具体的には土地生産性の向上という視点に立てば、作物の組み合わせを工夫した、土地利用の高度化が実現されていた。したがって清代では二年三毛作の問題はすでに乗り越えられていたといえる。結局、西嶋・米田説や私の説はともに不十分であったけれども、決して誤りではなかった。論争の過程で二年三毛作に対する認識はいっそう深まったのであり、農業生産力の研究が一段と進歩したことになる。

おわりに

以上のように、乾燥地であっても農業は可能で、かなり高度の生産力があったことが明らかになった。この乾地農法で用いる農具は現地の事情に合わせる形で改良されていった。犂は唐代に曲轅型の小型のものが確認され、元代には大型の犂の開発が確認された。また元代には畜力利用の耬鋤が記録に残された。さらに乾地農法の体系のうち、夏の中耕・除草作業の重要性は一九世紀まで強調され、強化され続けた。こうした農法で栽培される作物の変化をみると、唐代以降コムギ作が拡大し、輪作体系の高度化を示す史料が増えていた。

以上のような華北乾地農法の農具と輪作体系の発達を歴史的に通観すれば、生産力の発達段階が理解できる。全体として把握できるのは次のような段階である。『斉民要術』の段階を出発点とすれば、唐代が第二段階、元代が第三段階、さらに明代以降が第四段階であった。生産力は絶えず発達を続けていたが、農書史料を主体として実証できる段階区分がこの四つの段階である。

【参考文献】

史念海「漢・唐時代の長安城と生態環境」(『アジア遊学』二〇号、二〇〇〇年)

原宗子『「農本」主義と「黄土」の発生　古代中国の開発と環境2』研文出版、二〇〇五年
関尾史郎『三国志の考古学　出土資料からみた三国志と三国時代』東方書店、二〇一九年
関尾史郎・町田隆吉編『磚画・壁画からみた魏晋時代の河西』汲古書院、二〇一九年
渡部武「甘粛省河西地方出土の犂耕関係画像一覧」（稿）　同前書所収
甘粛省文物隊ほか『嘉峪関壁画墓発掘報告』文物出版社、一九八五年
西山武一・熊代幸雄訳『校訂譯註　齊民要術』アジア経済出版会、一九七六年第三版
大川裕子・村上陽子・大澤正昭「『農言著実』試釈――現地調査を踏まえて」（『上智史学』六一号、二〇一六年）および
「『農言著実』テキスト研究」（『上智史学』六六号、二〇二一年）
西嶋定生『中国経済史研究』東京大学出版会、一九六六年。第一部第五章碾磑の彼方（初出一九四六年）。
米田賢次郎『中国古代農業技術史研究』同朋舎、一九八九年。第Ⅱ部第一章一、斉民要術と二年三毛作（初出一九五九年）、同二、中国古代麦作考（初出一九八二年）。
大澤正昭『唐宋変革期農業社会史研究』汲古書院、一九九六年。第Ⅱ部第三章唐代華北の主穀生産と経営（初出一九八一年）。
李令福『中国北方農業歴史地理専題研究』中国社会科学出版社、二〇一九年。第四章三・四（中国語版初出一九九五年）、日本語版「華北平原における二年三熟制の成立時期」『日中文化研究』一四輯、一九九九年。

三章

餅はモチでなく、麺はうどんではない

——『斉民要術』と『太平広記』から

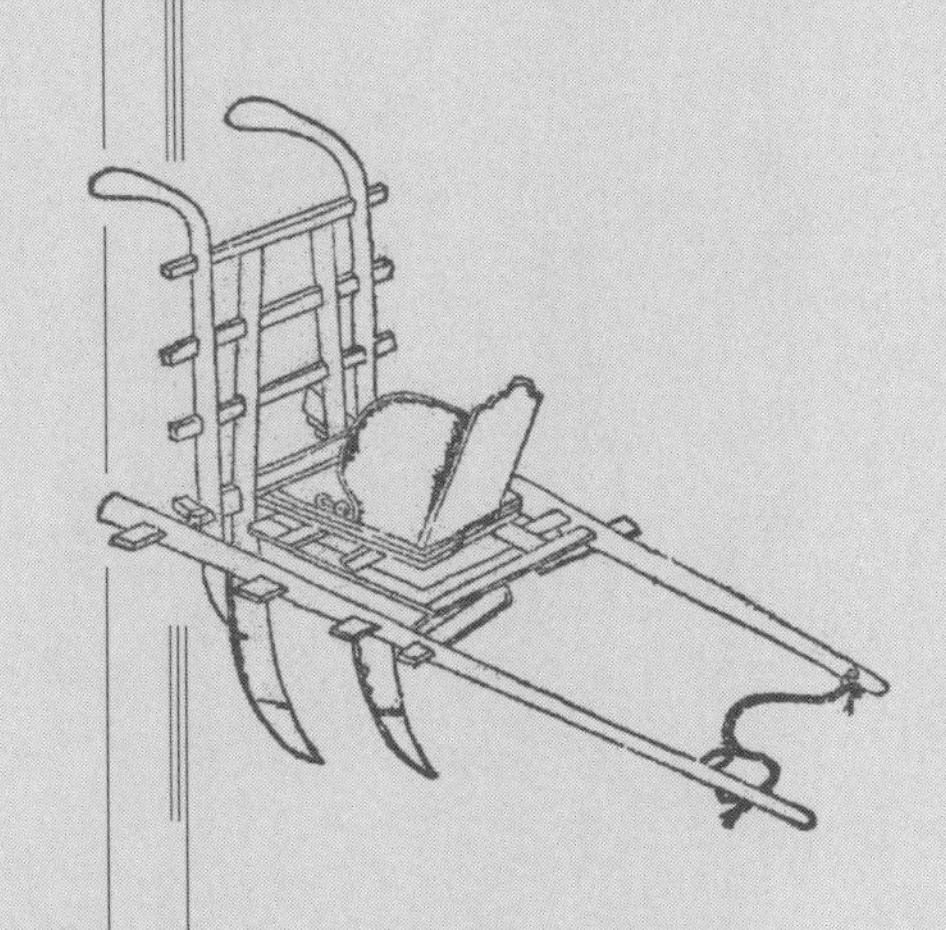

はじめに

二章ではアワ・コムギなどを栽培する乾地農法の発達を追いかけてみたが、その生産物の食べ方については触れることができなかった。アワは煮るか、蒸すかの粒食だったが、コムギは粉食が主で実にさまざまな調理法が出現した。これが現代の食生活の基礎となったのだ。そこで『斉民要術』と『太平広記』を読んで、唐代のコムギ粉の代表的な調理法である餅（「へい」あるいは「ビン」、後述）および餅をめぐる食事の場面を紹介してみたい。つまり前章で述べた、コムギ粉食の「爆発的な流行」の具体的な様相をさぐることとしたいのである。それはコムギ粉生産の歴史的位置づけを明らかにすることでもある。その際、参考になるのは『斉民要術』にかかわる、以下三冊の先行研究である。しばしば引用することになるので略称を掲げておく（書誌データなどは章末の「参考文献」参照）。

西山武一・熊代幸雄訳『校訂譯註　齊民要術』……略称：西山・熊代訳

田中静一・小島麗逸・太田泰弘著『斉民要術　現存する最古の料理書』……略称：田中・小島訳

繆啓愉著『斉民要術校釈』……略称：繆釈

さて『斉民要術』巻九には「餅法」という項目があり、餅の作り方について述べられている。個別の製法だけでなく、その記事のなかで使われている用語をみれば、おそらく北魏時代の餅類食品を総括的にまとめているのであろう。ただここで使われているいくつかの用語は独特なものがあり、また原文の文字が妥当かどうか疑わしい語句もあって、なかなかに難解である。そこでこの記事を取り上げる前に、麵や餅の意味・用法と実態について述べた『太平広記』の記事をみておきたい。それによって後の話が理解しやすくなると思われる。

一――「餅」と「麺」の意味

『太平広記』は宋代に編纂され、唐・五代までのいわゆる小説史料を集成したものである。「小説」とは当時の価値観も表明している用語で、ちっぽけな話、つまらない話といった意味であり、現代の小説・フィクションというジャンルよりも広い用語である。神話や伝説だけでなく、聞き書きや読書ノートの類も含むし、もちろん創作のフィクションもここに入っている。総体としてみれば、中国の伝統的な価値観に照らして役に立たない、つまらない話なのである。しかし、それゆえに、ここには多くの庶民が登場し、彼らの日常生活の一面を描き出している。したがって、話の主題そのものは別に研究するとして、その話の背景に注目すれば当時の庶民社会のありさまを研究することができる。そこには食事の場面も多く描かれており、さまざまなコムギ粉食品が登場している。まず餅と麺にかかわる二篇の話を取り上げてみよう。

唐の李勣(せき)〔五九四～六六九年〕が宰相だったときのことである。同郷の人が自宅に立ち寄ったので食事の席を設けた。その客は〔供された〕餅の縁(へり)を裂き取った。李勣はいった。「君は何と幼稚なのだ。この餅というものは、畑を二度犂き起こし、土を十分こなして種子を播き、草取りして根元を耕し、〔実って〕刈り取ったら風選して屑を飛ばす。そうして碾き臼で粉にして篩にかけて「麺」とし、その後で「餅」にするのだ。君が餅の縁を裂き取る道理などどこにあるのか。ここでおこなったことを皇帝の前でおこなったら、すぐさま君の首は飛ぶぞ」と。客は大いに恥じて小さくなった。

（巻一七六「李勣」、『朝野僉載』の引用とするが『南部新書』辛にあり）

これは唐代初期のエピソードである。餅の縁を食べずに捨てようとした客に李勣が説教し、餅ができるまでの過程、つまり二章にみた乾地農法による穀物の栽培法と収穫後の製粉法を簡潔に述べている。ここに出てくる餅は岩手県の南部煎餅を思い出すとわかりやすい。円い南部煎餅には、鉄の型に挟んで焼いたときにはみだした耳がついている。少し硬くて焦げているときもあるのだが、香ばしくて美味しい。客はこのような縁の部分を捨てたのであろう。何ともったいないことかと、李勣が咎めて説教したのであった。これと同じような説教を、日本では「米の字は八十八と書く。育てるのに八十八回も手間がかかっているのだから、一粒でも粗末にしてはいけないぞ」という。彼我の食材の違いがみえておもしろい話ではあるが、ここで注目したいのは麺と餅の意味の違いである。つまり「麺」とは、この話でいわれているように穀物の粉、この話ではおそらくコムギ粉の意味であり、「餅」とはそれに水を加えてこね、火を通して作る食品の意味である。これらの用語の意味するところは、「板橋の三娘子」という別の話からも知ることができる。

汴州(現在の河南省開封市)の西に板橋店という集落があり、三娘子という女性が邸店(旅館・食堂・倉庫業などを兼営する商家)を切り盛りしていた。ある夜、泊まり客の趙季和が三娘子の行動を盗み見ていたところ、……

……三娘子は伏せてある器の下からろうそくを取り出して火をともした。そのあと布張りの小箱から農具一式と一頭の木の牛、一体の木の人形を取り出した。いずれも六、七寸(二〇センチ前後)の大きさである。これを竈の前におき、口に水を含んで吹きかけると、木の牛と人形が動き出した。人形は牛に犂を挽かせて、寝台の前のわずかな土地を耕し、何度か行き来した。さらに小箱から一摑みの蕎麦の種子を取り出し、人形に手渡して播かせた。しばらくすると芽を出し、花が開いて蕎麦が熟した。これを刈り取り、足で踏んで実を落とし、七、八升(四・五リットル前後)の蕎麦の実を手に入れた。そうして小さな碾き臼を据え付け、蕎麦を碾いて「麺」にした。そのあと人形などを小箱にしまい、その麺で「焼餅」を数枚作った。……〔翌朝〕……三娘子は客よりさきに起きて灯をともし、作ったばかりの「焼餅」を食卓に置き、宿泊客への点心(=軽食)とした。……

(巻二八六「板橋三娘子」、『河東記』より)

このあと焼餅を食べた客はみなロバに変わり、荷物を取り上げられてしまう、と続く話である。ここではコムギ粉ではなくソバ粉で焼餅を作るのだが、その材料は「麺」とよばれていた。

つまり「麪」とはコムギ粉・ソバ粉など穀物の粉であり、それらの粉で作る食品が「餅」であった。これが日本では、「麺」はうどん・そばなどの麺類を表すようになり、「餅」はモチ米を搗いて作ったモチを表すようになった。中国史の話をするときに「餅」を「もち」と読むと意味が異なってしまうため、「へい」と音読みするか、「ビン」と現代中国音で読むかのどちらかである。不便なことだが仕方がない。

ちなみに麺の意味に関して次のような話もある。

大暦年間の初め、鍾陵県（現江西省）の商人、崔希真は県の西に住んでいた。……大暦二（七六七）年一〇月一日、夜に大雪が降った。希真は朝に門を出たところで、一人の老人に出会った。簑と笠を着て門の下で雪を避けていた。崔は不思議に思い、なかに入るよう勧めた。簑・笠を脱いだところ、態度や容貌は常人ではなかったので、彼を敬うような応対をした。希真が「わが家には大麦の麺があり、いくらかは腹の足しになるでしょう。あなたはこれを食べられますか」と尋ねると、老人は「大麦は四季の気を受けて育ち、穀類の善きものである。豆豉（＝乾納豆のような調味料）の汁をそそぐことができればいっそううまくなる」という。希真はそこで家人に命じてこれを用意させた。……

（巻三九「崔希真」、『原化記』より）

この話によれば、大麦の麺は豆豉の汁を入れるとうまくなるといい、粗末な穀粉だったようである。これはいわゆる「麦焦がし」だったのかもしれない。大麦を炒って粉にしたもので、はったい粉・香煎ともいう。私の子供のころのおやつであった。ついでに書けば、チベットの主食ツァンパは、大麦の一種である青稞麦や豆を煎って粉にし、バターと茶を入れ、こねて食べる。それはともかく「大麦の麺」は穀類の粉を意味する麺の一つの用例である。

以上の話から日中両国の「餅」と「麺」の意味の違いは理解していただけたと思う。唐代には穀物の粉とそれで作った食品という意味で使われていた「麺」「餅」は、コムギ粉食の拡大とともに文字の意味がコムギ主体の食品へと変化したのであろう。ではこの餅の製法はどのようなものだったのか。『斉民要術』の記事を読んでみよう。

二――『斉民要術』以前の「餅」をめぐって

日本では麺類に関する研究が数多く発表されている。日本人のうどんやそばに対する興味に応えようとするものである。日本の麺類のルーツでもある中国のコムギ粉食品について、古くは青木正児（まさる）氏が「粉食小史」「愛餅の説」「愛餅余話」（いずれも『華国風味』所収）を著している。とくに「愛餅余話」は「南北朝以前の餅」と副題をつけて餅類を解釈している。ここには関連史料を網羅してあり、その解説も的確である。ただ漢文史料を多用し、文章も古風であるため現在の若い人たちには読みにくいかもしれないが、興味のある方はチャレンジしてほしい。一方、中国での研究はさほど多くはないが、たとえば王利華氏が主要な研究を紹介し、また関連史料を多く取り上げて概観している（『中古華北飲食文化的変遷』〈中国語〉）。ここではこれらの先行学説を検討する余裕はないので、必ず参照すべき古典として取り上げられる、後漢・劉熙（き）著『釈名』の餅に関する記事だけをやや詳しく解説してみたい。

さて『釈名』（四部叢刊）の原文には「餅并也。溲麪使合并也」「胡餅作之大漫沍也。亦言以胡麻著上也。蒸餅・湯餅・蝎餅・髄餅・金餅・索餅之属、皆随形而名之也」とある。これだけではなかなか理解しにくいので、逐語訳にすると「餅は并と通じる。麺をこねてまとめあわせたものである」「胡餅は大漫沍と書き表す。また胡麻を上に張りつけている。蒸餅・湯餅・蝎餅……などはみな形によって名付けた」となる。つまり「餅」とは「并」（あわせる、ならべるなど）の意味に通じ、穀物の粉をこねてまとめたものだという。また胡餅は「大漫沍」だというが、これが何だかよくわからない。そこで古来の研究をまとめた、清朝末期の考証学者、王先謙の著作『釈名疏証補』をみると、これを亀の甲羅の背側と腹側を合わせた形状と解している。やや楕円形のどら焼きのような形であろうか。すると胡餅には二つの意味があり、ひとつは亀の甲羅のような形状、もうひとつは胡麻を張りつけた餅であったことになる。これでもよくわからないので、さしあたり当否の判断はできない。

他方、日本の麺類の研究では多くの人が『倭名類聚抄』（一〇世紀前半、源順著）が引用する『釈名』に注目している。そこでは前掲の「溲麪使合并也」の部分が「令糯麺合并也」の傍線部のようになっているので、モチ米（糯）とコムギ粉（麺）を混ぜ合わせるのだとするのである。『釈名』は写本時代の書籍だということもあり、原文に文字の異同が生じることは避けられないし、『倭名類聚抄』が引用するような写本があったとしてもおかしくはない。しかしこの解釈はどうだろうか。まず「糯」はモチ米であるが、モチ米の粉ではない。前掲の史料のように、「糯麺」の二字でモチ米粉の意味になる。そうするとこの餅はモチ米の粉を混ぜあわせたもの、すなわち現代の白玉粉で作る求肥餅や大福餅のようなものになる。餅を日本のモチの意味に解釈するのであればこれでもよい。けれどもこれではコムギ粉で作る麺類の意味にはならない。漢代の『釈名』以後の中国の餅は主にコムギ粉の料理であるから、この餅の意味を継承したものではないことになる。さらに漢代の北方中国でイネは主要な穀物ではなく、モチ米粉を用いる必要性は低い。したがって『倭名類聚抄』が引用する『釈名』とその解釈は受け入れがたいのである。

次に「蒸餅・湯餅・蝎餅……などはみな形によって名付けた」という文である。この蒸餅・湯餅は火の通し方の違いであって形ではないし、髄餅は後述するように材料による名称である。また金餅は餅の形の金塊という意味で使われている（『太平広記』巻一二「李常在」、巻七四「陳生」など）。したがってこの「形によって名付けた」という記述は理解しがたい。思うに、漢代の『釈名』ではコムギ粉料理あるいは餅に対する理解がまだ不十分だったのではなかろうか。コムギは秦・漢代より以前に伝来し、そのルートの研究も進んでいる。シルクロードから華北に来たルートとインドからチベット・雲南に来たルートがあるようだ（たとえば加藤鎌司氏「コムギが日本に来た道」）。とはいえ、華北に伝来してからさほどの時間が経っていたとは思えない。その歴史は浅く、コムギ粉料理はまだ一般に定着していなかったであろう。そのため『釈名』の著者の、名称に対する認識が不足していたと考えるのは強引だろうか。当時、コムギや餅は存在するものの、食品としての餅について明確な区別ができていなかったと考えると『釈名』の記事のあいまいさにも納得がゆくのだが。

それはともかく、北魏『斉民要術』の段階に至るとコムギ粉食品は広く定着していた。そうして名称や製法などもかなり的確に理解されるようになっていたようだ。次にこの記事を取り上げよう。

三――『斉民要術』の「餅法」

さきに触れた通り『斉民要術』巻九の「餅法」には、コムギ粉やコメ粉などを材料にした、さまざまな餅が取り上げられている。ここでは「麺」の指す主体をコムギ粉とみなし、それを用いる餅四種に限定して、その原名および西山・熊代訳と田中・小島訳の和訳名をあげてみる。またレシピを逐語訳のように訳すが、その際、両方の訳および繆釈の見解も取り入れて私なりの訳を試みる。さらに私見を加えた解釈もつけてみたい。

なお、西山・熊代訳では「餅法」の餅に「めんるい」というルビを振り、「穀物の粉末を溲(こ)ねて固形にし加熱したもの」とする。また田中・小島訳では、「もち」の作りかた、と解して、西澤治彦氏が和訳を担当していた。

①白餅：まんじゅう・白まんじゅう

レシピ：使用するコムギ粉は一石とする。白米七、八升を粥にし、濁り酒六、七升を入れて酵（西山・熊代訳は「しらかす汁」とし、田中・小島訳は「もちだね」）とする。これを火にかけて沸騰させる。滓を絞り取り、上澄みをコムギ粉に混ぜる。コムギ粉はふくれて白餅を作ることができる。

解釈：酵は、田中・小島訳の注で「種酵母（酒母、パン種など）」とされている。これを使ってコムギ粉を発酵させるのであろう。日本で甘酒の絞り汁を入れて作る酒饅頭と同類である。中身の餡については書かれていないので、餡なしのマントウや蒸しパン・玄米パンの類である。

②焼餅：かたやき・かた焼き

この名称の餅はしばしば史料に登場している。そこでまず繆釈の原文を掲げ、前掲両者の和訳を並べてみる。

原文：作焼餅法。麺一斗。羊肉二斤、葱白一合、豉汁及塩、熬令熟、炙之。麺当令起。

レシピ：両者の訳

西山・熊代訳「麺一斗、羊肉二斤、葱白一合を、豉(し)汁と塩で、熬(いた(?))め熟(こな)す。これを（餅にして）焙(あぶ)れば、麺がちょうど起(ふくれ)てくる。」

田中・小島訳「使用するコムギ粉は一斗とする。羊肉二斤とネギの白い部分一合に、豆豉汁と塩を加え、十分に炒める。練ったコムギ粉にこれを混ぜて焙る。コムギ粉は練ってあらかじめ発酵させておく。」

解釈：西山・熊代訳は、原文の「熬」を「炒める」、「起」を「ふくれる」と解釈し、田中・小島訳はこれに従っている。「熟」の田中・小島訳は「十分に」とする。そのうえで両者の訳をみるとかなり異なっている。まず西山・熊代訳を読むと麺から塩までの材料をまとめて火を通すとする。一方、田中・小島訳は冒頭の「麺一斗」を独立させており、他の材料と切り離している。これが文意の大きな違いをもたらしている。だが西山・熊代訳のようにコムギ粉と豉汁を混ぜて炒めた場合、この段階で麺が固まってしまうのではないだろうか。これを「餅にして焙る」のであろうか。私には想像ができない。その点で田中・小島訳ならば調理が可能である。ただ、羊肉などを合わせて炒めた具材を、コムギ粉を発酵させた生地に「混ぜる」と訳したところにやや引っ掛かりを感じる。この「混ぜる」は原文になく、補って解釈したようだ。これはキャベツや肉などを水溶きのコムギ粉と混ぜて焼く、現在のお好み焼きに近い。だが「混ぜる」ではなく「包む」を補うならば信州の「お焼き」あるいは焼いた肉饅頭のような食品になる。この文字の補足の可否については、残念ながら確証がない。

ちなみにこの焼餅について、西山・熊代訳の注(四)では「今中国の煎餅に当る」とし、「要術の焼餅は、この今煎餅と呼ぶものに味付けしたものである」とする。だが、現代中国の煎餅がどのようなものか定義していないので解釈が妥当かどうか判断できない。手元の『中日大辞典』(愛知大学)では「煎餅」を平鍋で薄く焼いた「中国風クレープ」としており、西山・熊代訳とは異なるイメージである。「かたやき」という訳も含めて、考え直す必要があると思われる。

また後述する籠餅(ろうへい)はこの焼餅と同じように肉と葱を使った蒸餅(じょうへい)の一種である。同じ材料の料理だが、調理法によって籠餅・焼餅の区別があったのではないだろうか。

③髄餅：ずいあぶらかたやき・髄脂のかた焼き

レシピ：牛の髄脂と蜜を合わせて麺と混ぜる。厚さ四、五分、直径（西山・熊代訳は原文の「広」のままで、田中・小島訳は「大きさ」とする）六、七寸（の餅の形）にして胡餅鑪（ろ）で焼く。ひっくり返してはいけない。餅は脂がのって美味しく、長持ちする。

解釈：このレシピではふくらまないと思われるので「かた焼き」の名称は適している。なお、ここにみえる胡餅は、西山・熊代訳では、前掲『釈名』などによって「ごまつけかたやき」と訳し、別名麻（ま）餅・鑪（ろ）餅とする。また「胡餅の鑪（ひどこ）は縁無しの方形鉄板の火牀である」という。一方、田中・小島訳は「胡餅とはゴマをつけた『かたやき』のことで現在の『焼餅』に相当する」という注をつける。だが前述の通り、現在の何に当たるかという解説はあいまいであり、混乱のもとである。中国の「焼餅」ならコムギ粉を水で練り、塩味をつけて円形に焼いた餅だろう。だが日本の焼餅なら、モチ米や米の粉を使った「モチ」を焼き、味噌・醤油のたれを塗ったものや小豆餡を入れたものなどさまざまである。

④環餅：まがり・まがりもち（一名、寒具〈むぎかた〉）、截餅：かんこ・かんこもち（一名、蝎子〈かんこ〉）

レシピ：いずれも水で調整した蜜で麺をこねる。蜜がなければナツメの煮汁、牛・羊の脂でもよい。牛・羊の乳を用いてもよい。これらは餅を美味しく、さくさくにする。截餅は乳だけを用いてこねたものである。口に入れるとすぐ砕け、凍った雪のようにもろい。

解釈：火の入れ方が書かれておらず、繆釈は「油煎」の文字が脱けているのではないかと疑っている。西山・熊代訳は油で揚げる方法を前提として「カリントウの祖型」とする。田中・小島訳は「まがりもち」について、「おこしの材料がモチゴメ粉であるのに対し、まがりもちはコムギ粉を材料としている」とする。この「おこし」は『斉民要術』に載せられているが、日本語のそれとは異なり、油で揚げたものである。

ここで寒具に関する参考史料をあげよう。『太平広記』に寒具と餫餅の話がある。

『晋書』中に寒具という飲食物の話があるが、注釈や解説がついていなかった。後に『斉民要術』と『食経』のなかにこれを見出した。これはいまのいわゆる餫餅である。桓玄（東晋王朝の簒奪者）がかつて法帖や名画を盛大に陳列し、客を招いて参観させた。客のなかに寒具を食べたものがおり、手を洗わずに書画をもった。そのため汚れがついてしまい、玄は不機嫌になった。これより客に会うときは寒具を提供しなかった。（巻二〇九「桓玄」、『尚書故実』より）

この話は寒具（環餅）を手にもって食べて汚れがついたことを記しており、崩れやすい、あるいは油分が多い食品だと思われる。カリントウのイメージとも近いが、油で揚げる製法だとは書かれていなかった。なお『尚書故実』は唐の李綽の著書なので、北魏の環餅は唐代には餫餅と書かれていたことがわかる。使われている漢字の音は同じである。これらの他、製法を書いていない湯餅には西山・熊代訳が「ゆでめん」、搦餅には「おしだしはるさめ」とルビを振っている。

　このように北魏の時代には多くの種類の「餅」について詳しい記述が残されていた。それらが現在の何に当たるのか解釈するのは困難であるが、当時の呼称や材料・製法は大体のところ理解できる。ちなみにコムギ粉を使った和菓子にも焼餅・煎餅などがあることはいうまでもないし、まんじゅうは中国の胡餅・蒸餅から変化したものではないかという説もあるようだ（前田富祺氏『お菓子の日本語文化史』）。日本と中国の食品には密接な関係があるのだから、今後、中国食物史研究の側からの発信があってもよいと思われる。ともあれコムギ粉をはじめとする穀物粉料理が広く食べられるようになっていたことは確かである。これ以後、餅類はさらに一般化してゆく。次にそうした食事の場面を『太平広記』からうかがってみよう。

四――唐代の餅――『太平広記』より

さて唐代に餅が広く食べられるようになると、さまざまな場面で記録されるようになっていった。さきにあげた餅の縁を捨てる類の話がいくつかあるので紹介しよう。まず唐の玄宗のエピソードから。

粛宗〔在位七五六～七六二年〕が皇太子だったとき、常に玄宗の食事の給仕をしていた。尚食〔＝食事担当の女官〕が煮物の膳を供し、羊の前脚があったので、玄宗は皇太子に捌かせた。粛宗が捌き終えると、ナイフの刃に脂汚れが付いており、餅でこれを拭き取った。玄宗はじっとこの行為をみて、不機嫌になった。ところが粛宗はこの餅を取り上げて食べたので、玄宗はたいへん喜んで、彼にいった。「神へのお供えはこのように愛おしむべきである」と。

（巻一六五「唐玄宗」、『次柳氏旧聞』より）

ここで餅はナイフの汚れを拭き取るために使われていた。上流階級では餅をこのように使い、すぐに捨てる者が多かったのだろうが、粛宗は餅を粗末にすることなく、そのまま食べた。玄宗は羊肉を「神へのお供え」にも使われるものなので、脂汚れも無駄にせずに大切にすべきだと述べたのだが、餅も大切にせよという考えだったと思われる。これを逆にみれば、当時、裕福な者が餅を汚れ拭きに使うのはふつうのことだったのだろう。彼らにとってはありふれた食品だったのだ。もうひとつ蒸して作った餅＝蒸餅の話がある。

鄭澣(かん)は質素倹約をもって自任していた。河南府の長官だったとき従父(おじ)の孫が懐州〔現河南省〕から会いに来た。……帰郷の前日、甥たちを招いて会食した。蒸餅が供されたが、孫は皮を取り去って食べたので鄭は大いに嘆き怒り、彼にいった。「蒸餅の皮と中身に何の違いがあるのか。……君が農業に勤めて粗末な服を着ているのを憐れんでいたが、それは農業での苦労を知ることができたからだ。それがどうして五侯家〔＝貴族〕の綾絹を着ている子供よりも浮ついた乳臭い子供のようなまねをするのか」と。そこで手を引いて棄てた皮を出すよう求めた。孫は面食らって狼狽し、器に入れて差し出した。鄭澣はこれを全部食べ、そのまま挨拶して賓館から帰った。……

（巻一六五「鄭澣」、『唐闕史』より）

これも餅を粗末に扱っていた話である。河南府の長官たる鄭澣の遠縁の孫だから、おそらく裕福な農民であろう。けれども彼は蒸餅の表面の固くなっていた部分を捨て、中身だけを食べた。生産の苦労を知る農民でも裕福な者はこのような習慣があったのだろう。それほどに餅は豊富に存在していた食品であった。

『太平広記』にはこのほかにも蒸餅、湯餅などの餅類がたくさん記されている。これらは調理法ごとの名称で、蒸した餅、茹でた餅である。けれどもそれがどのようなものなのかはっきりしない餅もある。それらは『太平広記』の記事を読むとヒントになる場合がある。それらを紹介しよう。

まず前述の胡餅である。その本体についての議論は分かれているが、出発点に戻って考えれば、胡は北方や西域から伝来したものに冠する文字なので、北・西方から来た餅という意味である。本書の「はじめに」にも書いた通り、イラン高原周辺原産のコムギが東方へ伝わったので、胡餅はいわば本場の餅である。それゆえ胡人、つまり北・西方からやってきた人々がこれを商っていたという話がいくつかある。たとえば、

東平県尉（現山東省、県の警察署長）の李麐（どん）がはじめて官に任命されたとき、洛陽から任地に向かっていた。夜に故城という町に投宿したところ、旅館に胡餅売りを生業（なりわい）としている胡人がいた。その妻は鄭氏といい、美人だった。李は彼女を気に入ってその宿に泊まることにし、数日間泊まり続けて、銭一五貫で胡人の妻を譲り受けた。……

（巻四五一「李麐」、『広異記』より）

という話で、これはフィクションである。ここには胡餅を売り歩いている胡人の夫とおそらく漢

族の妻の夫婦が登場していた。胡餅と胡人の組み合わせは他にも例があるように、「胡」地域の名物でそこの出身者が作って売っていたのであろう。なお妻を売るとはどういうことかと気になる方は拙著『妻と娘の唐宋時代』をご参照ください。また、別の話。

……虬髯（きゅうぜん）の客がいった。「ここで煮ているのは何の肉か」と。張氏は「羊の肉です。もう煮えているころです」と答えた。客が「とても腹が減った」というので、李靖は外へ出て胡餅を買ってきた。客は短刀を抜き出して、肉を切り、いっしょに食べた。食べ終わると余った肉を乱切りにしてロバに食べさせた。すばやい動作だった。……　（巻一九三「虬髯客」）

というフィクションがある。「虬髯の客」とは龍のような髭を生やした旅人という意味で、李靖は唐代初期の著名な高官である。李靖をめぐる不思議な話が主題であるが、ここには羊の肉を煮て胡餅といっしょに食べる様子が描かれている。これが胡風あるいは遊牧民族風の食事場面なのであろう。この食べ方については次のような史料もあった。宋の王讜（とう）著『唐語林』（ここでは周勛初校証『唐語林校証』を用いる）巻六補遺に七七九～八三九年ごろの記事がまとめられていた。

その当時、豪家の食事は羊肉一斤を用いて、大きな胡餅に層状に重ね、山椒と豆豉を挟み、酥（＝牛や羊の乳で作った飲料）で湿らせ、炉に入れて押し付ける（?）。肉が半生になったら食べる。これを〈古楼子〉という。

とあるように、有力者の家では胡餅と羊肉を合わせて焼いた料理があった。ホットドッグやハンバーガーのような食べものであろうか。

ではこの胡餅の作り方、あるいは中身はどのようなものだったのかといえば、詳しい記事はみつからない。ただ次のような参考になる記事があった。

斉暾樹（せいとん）はペルシア国に産出し、また拂林（ふつりん）に産出する。……樹高は二、三丈〔約六～九メートル余り〕。皮は青白色。花は柚子に似てきわめて良い香りがある。種子は楊桃〔＝スターフルーツ〕に似ており、六月に熟す。西域の人は油を搾りとり、〔これで〕餅・果物を煮る。中国で巨勝〔＝ゴマ〕を用いるようなものである。

（巻四〇六「斉暾樹」、『酉陽雑俎』より）

ここに書かれている斉暾樹は油橄欖（かんらん）で、オリーブに近い種類だという。ただ許逸民著『酉陽雑俎（ゆうようざっそ）校箋』（中華書局、二〇一五年）によれば、拂林はシリアを指し、この木は木犀（もくせい）科に属する波斯（ペルシア）橄欖だとされる。ここで最後の二文に注目すると、中国のゴマ油のような使い方で、「西域の人」が餅と果物を油で「煮る」という。素揚げか、スペイン料理のアヒージョのような調理法であるが、だとするとこれが胡餅にあたる可能性もある。つまり揚げた餅である。これはさきに『斉民要術』の胡餅で議論になっていた「ごまつけかたやき」とは異なる製法である。どちらの製法が胡餅のものとしてふさわしいのか確定できないが、こういう史料があるということだけ提示しておく。

次に前掲『斉民要術』のところで触れた籠餅という餅がある。

唐の侯思止（?～六九三年）は召使の出自であった。……則天武后がいった。「私は思止が文字を読めないことを知っているけれども登用したのだ。……」と。……思止はあるとき籠餅を作るよう命じ、料理担当者にいった。「私に籠餅を作ってくれ。葱を『縮めて』作れよ。さきごろ籠餅を買ったが葱が多くて肉が少なかった。だから葱を『縮めて』肉を多くさせよ」と。当時の人は彼を「縮葱侍御史」とよんだ。（巻二五八「侯思止」、『御史台記』からの引用とするが、未詳）

これは文字を知らないのに、侍御史（官僚の監察機関である御史台の属官）まで出世して権勢をふるっていた侯思止を嘲笑した話である。「縮」を「減」という意味で用いたのだが、当時は使わない言い方だったのだろう。それを揶揄したのである。主題はともかく、この話から籠餅には葱と肉が入っていたことがわかる。籠とは蒸籠、つまり蒸し器のことだから蒸した餅なのであろうし、中に葱と肉が入っていたのだから、肉饅頭・餃子のようなものだと思われる。前節の焼餅の項で述べたように、材料が同じ餅で、焼くか蒸すかの調理法の違いである。

この籠餅について諸橋轍次氏『大漢和辞典』は「粉をまるめて蒸籠で蒸して食ふもの。饅頭の類。」としている。この解釈の参考史料として北宋・張師正著『倦游雑録』を引用して、籠餅を饅頭だと解する根拠としている。この他、南宋・曽慥著『類説』も饅頭だと解しており、宋代には籠餅とは饅頭だとされていた。『斉民要術』では同じものを焼餅としていたが、宋代には籠餅＝蒸餅とされていた。おそらく餅の種類が増えるとともにそれらを区別する名称が現れたのだと思われる。ここに広い意味での「肉饅頭」類の歴史をみることができる。

おわりに

餅をめぐる食事の場面を小説史料に拠って簡単にみてきた。触れるべき問題はまだまだ残されているが、紙幅の余裕がなくなった。今後の研究に期することとしたい。最後に紹介したい話がある。

呉郡〔現江蘇省蘇州〕の陸顒は、……幼いころから麺がこの上なく好きだった。だが食べれば食べるほど身体が痩せていった。……胡人数人が酒食をたずさえて訪問してきた。……胡人がいった。「あなたは麺を食べるのが好きですか」と。顒「そうです」。さらに胡人がいう。「麺を食べているのはあなたではありません。それはあなたの腹のなかの虫なのです。いま一粒の薬をあなたに進ぜましょう。あなたがこれを服めば、きっとこの虫を吐き出すでしょう。私は高価格でこれを引き取りますが、よろしいでしょうか」と。顒「そんなことがほんとうにあるのなら、断ることなどあり得ませんよ」と。そこで胡人は紫色に光る一粒の薬を取り出し、これを服むよう命じた。しばらくして顒は一匹の虫を吐き出した。大きさは二寸ばかりで、色は青く、蛙のような形状だった。胡人は「これは麺食い虫〔原文は「消麺虫」〕という名で、じつに天下の珍宝なのです」と。……胡人は「……あなたはこれに麺を食べさせ、見ていればよろしい」という。顒はそこで一斗あまりの麺を虫の前に置いたところ、虫はたちまち食べ尽くしてしまった。……

（『太平広記』巻四七六「陸顒」、『宣室志』より）

これは胡人が「麺食い虫」という珍宝を求めて陸顒を尋ねてきたという話で、胡人とコムギ粉の関連を示唆する伝聞あるいはフィクションである（詳細な研究が増子和男氏によっておこなわれている。『日中怪異譚研究』）。『宣室志』の著者の張読は九世紀後半の人で、中書舎人の官歴もあるといわれる官僚である（『宣室志』〈中華書局、一九八三年〉張永欽・侯志明「点校説明」）。荒唐無稽な話柄ではあるが、もしかすると世相を風刺した寓話かもしれない。つまり当時の人々のコムギ粉消費量の多さ、たとえば本章でみてきた餅の粗末な扱いなども含めて、「麺食い虫」のしわざになぞらえたのではなかっただろうか。世間では「麺食い虫」が横行し、コムギ粉を食い尽くしているのだ、と。こう考えると唐代末期のコムギ粉食の流行はこのレベルにまで達しており、コムギ粉食文化の、文字通りの「爛熟」期を迎えていたのであった。

【参考文献】

西山武一・熊代幸雄訳『校訂譯註　齊民要術』アジア経済出版会、一九七六年第三版
田中静一・小島麗逸・太田泰弘『斉民要術　現存する最古の料理書』雄山閣、一九九七年

繆啓愉『斉民要術校釈』農業出版社、一九八二年
青木正児『華国風味』弘文堂、一九四九年（岩波文庫版、一九八四年）
王利華『中古華北飲食文化的変遷』中国社会科学出版社、二〇〇〇年
加藤鎌司「コムギが日本に来た道」『麦の自然史　人と自然が育んだムギ農耕』（北海道大学出版会、二〇一〇年）
前田富祺・岡村真理子『お菓子の日本語文化史』和泉書院、二〇二三年
大澤正昭『妻と娘の唐宋時代　史料に語らせよう』東方書店、二〇二一年
増子和男『日中怪異譚研究』汲古書院、二〇二〇年

補論

中国史上の蕎麦

しばらく前から蕎麦打ちがブームだということは聞いていた。浅草の某所で修業したという人が近所で開店したのは一〇年ほど前だったろうか。とても美味しいのでよく食べに行っていたが、何か事情があったらしく、あっさりと店を閉めてしまった。寂しい思いをしていたところ、数年前、突然実弟から手打ち蕎麦が届いた。びっくりしつつ、同封のメモ通りに茹でて食べてみたら、これが今まで食べたものよりもずっと美味い。少々太めの蕎麦だったが、そこはご愛敬、蕎麦の味わいがまったく違っていた。これが蕎麦の味だったのかと、ここではじめて気がついた。そんなときに本書の構想を練っており、日常の食べものにこだわる以上は中国の蕎麦の歴史にも首を突っ込まねばならぬ、だがこれまで蕎麦を研究したことはなかったとためらっていた。

そのころ中国農業史研究会で雑穀調査旅行が提案され、徳島県三好市東祖谷(いや)地区などへ雑穀栽培の調査に出かけた(二〇二二年一一月三日〜六日)。そこで私たちがみたのは、それこそ転げ落ちそうな、急峻な斜面の蕎麦畑であった。掲載の写真はその蕎麦畑である。ここで蕎麦の刈り取り体験をさせてもらったが、刈り取り用の鎌を振る前に足元がすべり落ちそうで立っていることができない。恐怖感で早々に切り上げざるを得なかった。また現役の農家の方から蕎麦栽培の道具や技術などの解説も聞き、谷間を見下ろす庭先で蕎麦の実雑炊を食べさせてもらった。こうした

［祖谷渓の蕎麦畑］（二〇二二年一一月五日大澤撮影）

生産現場の体験をしているうちに、蕎麦に対する興味がふくらんできた。それに友人の中林広一氏が蕎麦の歴史を研究していたことも思い出し（『中国日常食史の研究』）、彼の研究成果に学びつつ、私なりに史料を読んでみようと考えはじめた。もとより畑地や焼畑で栽培する穀物の一種として重要な作物であり、中国農業史上での蕎麦の位置を探ってみる価値は大きい。こうして自分なりに関連史料を読んで考えてみた結果をここにまとめたのである。ただしまだ論じるべき課題も多いと思われるのでとりあえず補論としている。

一　唐宋時代の蕎麦

中林氏の研究によれば、蕎麦の品種は一二種あるが、いま食用にしているのはフツウソバとダッタンソバ（ニガソバ）の二種だという。また蕎麦は中国発祥だという説もあるものの、考古学の発掘成果では漢代（紀元前二世紀～三世紀）以後のものしか確認できず、その利用がはじまったのはアワなどと比べるとかなり遅い。広く普及したのはさらに遅く、宋代（一〇～一三世紀）以後だともされている。

◈『斉民要術』の蕎麦をめぐって

そこで蕎麦関係の文献史料を調べてみると、六世紀の『斉民要術』（北魏・賈思勰（かしきょう）著）に蕎麦の名称が登場していた。しかしその本文内では蕎麦独自の項目が立てられておらず、「巻頭雑説」（『斉民要術』には「雑説」が二か所あり、そのうちの巻頭に置かれている「雑説」の意である）とよばれている部分に蕎麦の栽培法が出ているだけである。とはいえこの「巻頭雑説」は、農業史の専門家・万国鼎（ばんこくてい）氏によって唐代（七～一〇世紀）に書き加えられた部分だとされてきた（「論『斉民要術』」）。当然、その内容も新しいものだと解釈された。しかし米田賢次郎氏は異論を提出し、この部分が唐代に付け加えられたという点は正しいが、その内容は『斉民要術』以前のものだという見解を示した（『中国古代農業技術史研究』補論二）。米田氏自身はこの説が「仮説と憶測と独断の個所も決して少なくない」というが、蕎麦の記事にかかわるところも多いのでここで少し触れてみたい。

まず前述のように『斉民要術』には蕎麦の項目が立てられていない点について。米田氏は巻二の大小麦に付記された「瞿麦（くばく）」が蕎麦であろうと推測する。これより前、西山・熊代氏は、「瞿麦」が蕎麦である可能性はあるとしながらも「義不詳」としていた（『校訂譯註　齊民要術』）。また石声漢氏は文字の意味は「なでしこ」だとしつつ、この「瞿麦」の「瞿」は「雀」の誤りで「雀麦」は「燕麦（えんばく）」ではないかとしていた（『斉民要術今釈』）。これらに対して米田氏は、「なでしこ」と蕎麦の種子の色・形・大きさの類似性などいくつかの根拠をあげて、「瞿麦」が蕎麦と混同されたのではないかとした。その後、繆啓愉氏は栽培化の過程にある野生の「燕麦」のようだとした（『斉民要術校釈』）。そこで何はともあれ『斉民要術』巻二大小麦に付記された「瞿麦」の記事を読んでみよう。

瞿麦の作り方。伏日（ふくじつ）（＝夏至から立秋までの酷暑の時期）を適時とする（原注：一名は地麵。良地なら一畝に種子を五升用い、瘠せ地なら三、四升を用いる）。一畝から一〇石の収穫がある。（種子を）そのまま蒸して陽に晒して乾かし、臼で搗（つ）いて殻を取り去ると、実はまったく砕けない。これを炊いて水気の多い飯にすればとても滑らかである。碾（ひ）き臼で細かく碾き、絹の篩（ふるい）にかけて餅（へい）（本書三章を参照）にすればまた滑らかで美味しい。しかし雑草のように繁茂しやすい性質があるので、一度植えると数年間は絶えることがない。取り除く仕事の苦労はたいへんである。

この記事にあるのは種まき法、食べるための処理法と作物の性質である。とくにこの処理法は蕎麦の処理法を思い出させるものである。つまり収穫後の殻の取り方は後述の胴づき法に似ているし、煮て食べるのは蕎麦の実粥のようだ。製粉して餅にする調理法では「蕎麦がき」を思い起こすし、クレープやガレットあるいは後述する湯餅の「河漏」を思い起こさせる。最後の文章は瞿麦を雑草のように扱っているが、畑を選ばない蕎麦のたくましさにも通じるものである。こう考えると瞿麦＝蕎麦とみる米田説に賛同したい思いが強くなる。

米田説は、この蕎麦以外にも『斉民要術』「巻頭雑説」の記事について検討し、それらは唐代のものではなく、『斉民要術』とほぼ同じか、それ以前のものだと推測した。米田説に従うならば「巻頭雑説」の蕎麦の記事は唐代より古く、中国の文献ではもっとも古い解説記事だった可能性が出てくる。次にその「巻頭雑説」にみえる蕎麦の記事を紹介しよう。

およそ蕎麦を植えるには、五月に畑を耕す。三〜五日経つと犂きこんだ草が腐るので再び耕し、種子を播くことができる。三回耕し、立秋前後の一〇日以内に播く。畑を三回耕せば、三段の実をつける。下の二段の実が黒くなり、上段の実がまだ白くても、すべてに膿のような白い汁が詰まっているなら刈り取りのときである。刈り取った後、茎と茎がもたれ合うようにしておけば、白い実もだんだんと黒くなる。こうするのが最も適した収穫法である。上段の実もすべて黒くなるのを待っていると中段以下の黒い実が全部こぼれ落ちてしまう。

ここに書かれているのは畑の耕起、緑肥の犂きこみと種播きおよび収穫の方法だけである。前掲、瞿麦の論点とあまり違いはないが、重点の置き方と詳しさが異なっていた。基本的にこうした技術だけで栽培できたのであろうから、蕎麦は手間いらずの作物だったともいえる。W・ワグナー著『中国農書』はこれを「一切の栽培作物の中で最も継児的な取扱いを受けている」(下巻一七六頁)と表現していた。いわゆる継子いじめのような、ほったらかしの栽培だったというのだろう。蕎麦を、本章の冒頭に述べたように山間の急傾斜地でも栽培できたのは、このような蕎麦の特性のおかげでもあった。また「三回畑を耕せば……」の記述に科学的根拠はなく、栽培技術の認識がまだ甘かったことを示すものの、一定の技術で蕎麦の栽培がおこなわれていたことは諒解できる。とすると、前掲瞿麦を蕎麦だとして、その記事にやや角度を変えた、別の知識を付け加えたものが「巻頭雑説」の記事だったようにも思われる。つまり唐代の人が、古い記事ではあるけれどもぜひ瞿麦＝蕎麦の記事に付け加えておくべきだと考えて「雑説」の蕎麦を書いたという可能性である。これは私のまったくの思い付きで、いまのところ証明はできないのだが。

◈唐宋時代の史料を読む

以上の他にも米田説に興味をおぼえる二つの理由がある。一つは日本における最初の蕎麦栽培の史料である『続日本紀』で、養老六(七二二)年に詔が出され、救荒用に蕎麦の栽培を奨励していた。このときすでに日本に蕎麦が伝わっていて救荒作物とされていたわけで、日本での蕎麦栽培の経験はそれなりに長かったことになる。

もう一つは唐代の小説に蕎麦が登場し、詩に蕎麦が詠まれていることである。まず小説史料の「板橋の三娘子」は三章で取り上げた。河南省汴州(宋代に首都・開封となる)の西にある板橋店という村での話である。そこで邸店を経営していた三娘子が、夜中、不思議な術を使って蕎麦を栽培し、朝食用に蕎麦粉製の焼餅を提供していた、という場面が出ている。この話はもともと著者不詳の『河東記』に掲載されていたもので、著者は「九世紀前半ごろの人ではないか」とされている(前野直彬『唐代伝奇集』2「作品解題」)。つまり唐代の後半期に蕎麦粉の焼餅が宿屋の朝食となっていたという話である。これは当時、蕎麦粉食品が庶民の間で一般的に広まっていたことを示している。

他方、唐代の詩では、たとえば、

白楽天(七七二〜八四六年)「村夜」:独出門前望野田、月明蕎麦花如雪

独リ門前ニ出デテ野田ヲ望ミ、月明ルクシテ蕎麦ノ花ハ雪ノ如シ

温庭筠（晩唐の人）「題盧処士山居」：日暮飛鴉集、満山蕎麦花
日暮レテ飛鴉（空に舞うカラス）集マリ、山ニ満ツル蕎麦ノ花

などの詩句が知られている。いずれも蕎麦の花の情景を詠んでおり、唐代後半期に蕎麦が広く栽培されていたことを示している。

これらの史料から考えると、唐代後半期に蕎麦が広く普及していたことは事実で、その栽培技術は唐代よりももっと古くからあったものだとみてもおかしくはない。『斉民要術』以前に栽培技術がまとめられていた可能性はあるし、それが瞿麦＝蕎麦であるとすれば納得しやすい。ただしこれは実証の結果ではなく、可能性のレベルである。

「巻頭雑説」の記事が『斉民要術』と同時期のものだったとしても、蕎麦は中国では比較的新しい作物であった。このことは漢方薬の解説書である本草書を少し追いかけてみただけでもわかる。本草書の記事を探してみると、北宋の嘉祐七年（一〇六二）に蘇頌が刊行した『本草図経』の小麦の項に付録として記載されている記事があった。

蕎麦は胃腸を満たし、気力を益す。だがたくさん食べてはいけない。風気を動かすこともあり、人に眩暈を起こさせる。薬材としては用いるに堪えない。

（『重修政和経史証類備用本草』巻二五米穀部中品に引用）

とあるように、多食すると「風気を動かす」つまり中風のような病気になる可能性があるといい、漢方薬としては使えないとする低い評価であった。医者たちは「医食同源」の考え方ですべての食べものを研究していたであろうから、この時点で蕎麦は漢方薬としての規準に達しておらず、逆に害があるかもしれないという認識であった。これはもしかすると蕎麦アレルギーの存在を把握していたのかもしれない。ただその後まもなく研究が進んだようで、元代に至るまでの研究成果をまとめた本草書である『重修政和経史証類備用本草』には「新附」として蕎麦の項目が立てられていた。ここには蕎麦の薬材としての分類と評価――「味は甘く、おだやかな寒の性で、無毒」――のほか、食べ方も載せられていた。そこに、

その食べ方。蒸気で蒸し、炎熱の陽に当てて種子の殻の口を開かせ、臼で搗いて中の実をとり、それを食べる。葉は茹でて食べると気を静め、耳・目に効く。多食すると便がやや緩くなる。……

（巻二五米穀部中品）

とある。種子を蒸してから乾かし、臼で搗いて殻を取るという方法はさきの瞿麦と同じであるが、製粉してこねる餅の製法は書かれていない。その他、本草書らしく葉の利用法も記されている。ともあれ本草書に記述されるようになったということはそれだけ蕎麦の薬品としての理解が

進んだことであり、食品としての利用も一段と普及していたことを表している。

この他の史料では、南宋初期に蕎麦に対する理解が深まっていたことを示す史料もある。朱弁（一〇八五～一一四四年）著『曲洧旧聞（きょくいきゅうぶん）』という、諸般の知識を書き留めた本に次のような解説が載っている。

> 麦は秋に播き、夏に実るので四季の気を受けている。蕎麦は葉が青く、花は白く、実は黒く、根は黄色であり、五方を表す色（＝東が青、南が赤、西が白、北が黒、黄色が中央）をもっている。そうして実を結ぶときの霜をもっとも畏れる。この時に雨が降ればとりわけ良く、そのうえ霜にならなければ、農家はこれを「解霜雨」とよんで〔喜んで〕いる。……　（巻三）

ここでは麦が四季の気を内にもっているすぐれた作物だという考え方をふまえて、蕎麦は五行説（木・火・土・金・水）に対応する五色（ここにあげているのは四色だが）を備えている作物なのだと高く評価するようになっていた。また蕎麦の結実に適する気候条件もある程度理解されていたようだ。このように唐代後半期から三〇〇年ほどの間で蕎麦の評価は大きく変わっていた。

二――元代の蕎麦

これが元代の王禎『農書』（一三一三年）ではさらに認識が深まっていた。次のような記事がある。

> 蕎麦は茎が赤く、種子は黒い。播種は作業が簡単で、収穫は他の作物の妨げにならない。成熟が遅いからである。『農桑輯要（のうそうしゅうよう）』には次のようにある。……（前掲『斉民要術』の一部を引用）……北方の山後地方〔＝地域の同定ができないが山西省北端の大同周辺地域か〕では多く栽培している。殻や皮をむいて臼で碾いて粉にし、薄く延ばして焼いた「煎餅」を作り、ニンニクと合わせて食べる。あるいは「湯餅」にするが、これを「河漏（ホーロー）」といい、細く滑らかでコムギ粉製のようである。コムギ粉に次ぐ食品である。一般の人びとに好まれ日常食として供される。中国南方の農家でも栽培しているが、収穫期が遅い。碾き臼で碾いて食べるもので、こねて「餅餌（へいじ）」〔意味は後述〕とし、コムギ粉食品の補助とする。十分に食べられ頼りになる。まことに農家の冬の日常食である。
>
> （百穀譜集之二・蕎麦）

この記事は現在の山西省北部から内蒙古自治区の万里の長城あたりの蕎麦事情を述べたもの

である。ここではコムギ粉食品に次ぐものとされていた。食べ方もコムギ粉食品に準じており、この「煎餅」は蕎麦粉を水で薄く溶いて焼いたクレープのようなものでいわばニンニク・クレープである。また「湯餅」は同じ材料を茹でた食品で、この地域では「河漏」とよばれていた。現代の作り方では、こねた蕎麦粉を、底に穴をあけた箱から熱湯のなかに押し出す、心太（ところてん）のような製法の料理で、これが日本の蕎麦と近い形をしているようだ。ただ日本のそば切りのように包丁で細く切るわけではなく、太さは比べ物にならないのだろう。一方、「南方」の「餅餌」については説明がなく、北方人の王禎にはまだ十分な情報が届いていなかったのかもしれない。中林氏は、「餅」はコムギ粉製食品、「餌」はコメ粉をはじめとする穀物粉製食品であり、広い意味での「粉製食品」であろうと解釈する。他方、王禎は「南方」の蕎麦がコムギ粉食品の補助だとしているが、この「南方」は稲作地帯だったのか、あるいは焼畑農耕も残っている山間部だったのかが知りたいところである。地域的な条件によって、蕎麦がどれほどの地位を与えられていたのかがまったく異なってくる。

このように元代の蕎麦事情はすでに現在に続く蕎麦食の基礎をなしていたと思われる。ただ史料の不足は事実であり、もう少し時代を下った、史料に恵まれた時代を研究する必要があった。この点で中林氏は清代から民国期の史料を探して研究を深めている。これを参考にしつつ、いま私たちが読んでいる史料を紹介したいと思う。そうして蕎麦とコムギ粉食品の食生活における位置づけをも探ってみたい。

三――清代『馬首農言』の蕎麦

ここで五〇〇年ほど時代を進めて、清代から民国期にかけての地方志をみると、蕎麦をめぐる状況はかなり変化していた。中林氏が研究しているように、その栽培地域が一段と拡大し、広東・広西地域など一部の地域を除けば、中国全土に行きわたっていた。地域的な条件によって差異はあるものの、氏のいう「日常食」としての地位を与えられていたのだ。一方、蕎麦の栽培上の欠点も中林氏は指摘している。たとえば蕎麦の単位当たり収量は水稲やコムギの一〇分の一、陸稲(おかぼ)・裸麦の四分の一とかなり少なかった。また蕎麦は他の穀物と比べて市場価格が低かった。民国期のある地域ではコムギの半額にもならなかったという。さらに蕎麦の味は漢族の嗜好に合わなかったともいい、これらが蕎麦の栽培をさまたげる諸要因になっていたとする。とはいえ地域別にみれば蕎麦を好む人びとが多くいた地域があることも中林氏は述べていた。

そこで現在、私たちが訳注を進めている史料『馬首農言(ばしゅのうげん)』をみてみよう。書名の「馬首」とは、山西省太原の東に位置する寿陽県の古名である。この農書は当地出身の祁寯藻(きしゅんそう)が一八三四~三六年ころに執筆し、一八五五年に刊行したものだが、農業の記事だけではなく、当地の祭祀や風俗なども書かれている。いわば農業主体の地方志である。ここには当地で栽培している作物の記事があり、蕎麦もその一種として取り上げられていた。読み進めてみると、これは蕎麦の地位が高い地域の農書であることに気がついた。その記事の一部を紹介してみよう。短い文章なのでほぼ全文を紹介すれば以下の通りである。

蕎麦はだいたい麦を植えたあとの畑に種子を播く。耕起した後に耬車（ろうしゃ）〔＝種まき機、参考図1〕を用いてすじ播きにする場合、耕起する深さは二寸、耬の先を挿しこむ土の深さは一寸までとし、種子を播き終わった後に耙〔＝本書二章の図参照〕をかけるのがよい。肥料と混ぜ合わせて点播（てんぱ）〔＝つぼ播き〕する場合は、耕起する深さは一寸程度までとする。点播には二通りの方法があり、犁をかけた溝の部分に点播する場合はやや浅めに耕起し、土を撥ね上げたうねの部分に点播する場合はやや深めに耕起する。蕎麦の種子を地面に散播〔＝ばら播き〕した後で、犁で耕起し、耙で播種した種子に土を被せる場合もある。この三通りの方法はいずれも大雨を嫌い、大雨となった場合はこれを「涸傷」といった。……散播したものは発芽しやすいけれども、成熟した時に抜くのが難しく（原注：蕎麦は手で抜き取り、鎌を用いない）、点播の二通りの方法の容易さには及ばない。

（種植第八条・蕎麦）

ここに書かれているのは蕎麦が麦との二毛作として栽培されていることと、種播きの方法である。しかし種播き法の説明がわかりにくいかもしれない。すじ播きとは一列ずつのすじを作るように播く方法で、ここでは耬車という種播き機を使っている。［参考図1］の前部に装着された箱に種子を入れ、下部に描かれている刀のような管を通して種子を播くのである。この図は正確ではないが、左・右に二本の管があり、二本のすじ状に種子を播くことができる。これに対して点播とは一ないし数粒の種子をまとめ、一定の距離をあけて手で播く方法、また散播（ばら播き）とは、ある広さのうねなどに平均になるように手で播く方法である。そこで記事の内容をまとめてみれば播種法は次の三通りになる。

① 犂耕のあとに耬ですじ播きする場合……発芽しやすいが、収穫が難しい

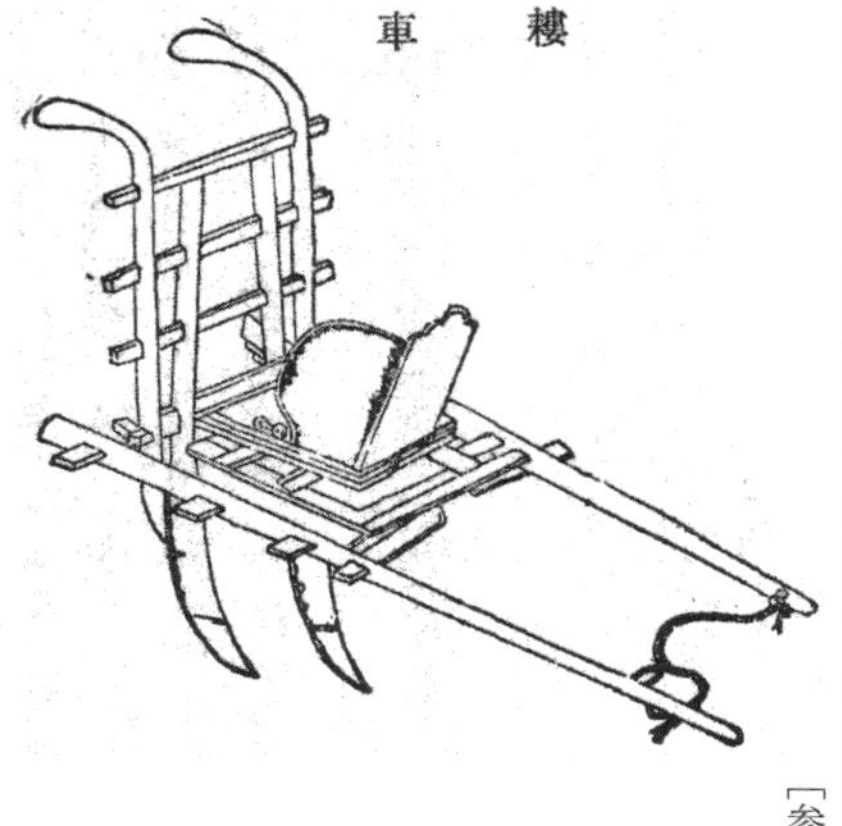

［参考図1］耬車（王禎『農書』農器図譜集之二より）

②　犂耕のあとに手で点播するが、犂をかけた後の溝に播く場合……収穫が楽
　同じく　　　　　　　　　　　　　　　　　　　　　　　うねに播く場合……同右
③　手で散播した後に犂と耙をかける場合……発芽しやすいが、収穫が難しい

このうち点播の収穫法を勧めているのは、数本の茎・根がまとまっているから抜きやすいのであろう。茎・根が一列に並んでいるすじ播きや散播の場合は、確かに効率が悪いと思われる。多くの農家では前者の方法を採用しているのだろう。また、犂と耬、犂と耙を使う方法はいずれも畜力農具なので労力は少なくて済む。しかし収穫の容易さと合わせて考えれば農民は収穫が楽な方法を選んでいる。つまり蕎麦栽培では犂耕は共通だが、それ以外では必ずしも畜力利用の農法を選択するわけではなかった。

それはともかく、栽培法についての記述はこれだけで、きわめて簡潔である。それは前にも述べたし、中林氏も指摘していたように、蕎麦が特段の施肥を求めず、栽培の手間がかからない作物だったからである。これが一九世紀の蕎麦栽培法の到達点であった。

さて『馬首農言』にはもう一か所蕎麦に関連する記事があった。「糧価物価」という項目で、食糧などの価格変動が記録されていた。ここに取り上げられている穀類の高・低価格をまとめて表にすると、次ページのようになる。

ここで米アワとか米キビとある「米」とは籾殻を取り去った中身という意味である。この記事に続けて、籾摺りしていないものの価格はこの六割だと記しているから、籾摺りという手間をか

〔寿陽県の穀物価格表〕1斗＝10リットル余り

穀物名	高価格（銭／斗）	低価格（銭／斗）	最低価格	年
米アワ	1200-1300	400 前後	400 前後	
小麦	1100-1200	500 以上	400 以上	1799-1800
米キビ	1100-1200	500 前後		
皮むき蕎麦	1000 以上	400 前後	100 以上	1759
高粱	800 以上	250-260		
小豆	1100-1200	400 前後		
黒豆	800 以上	500 前後		

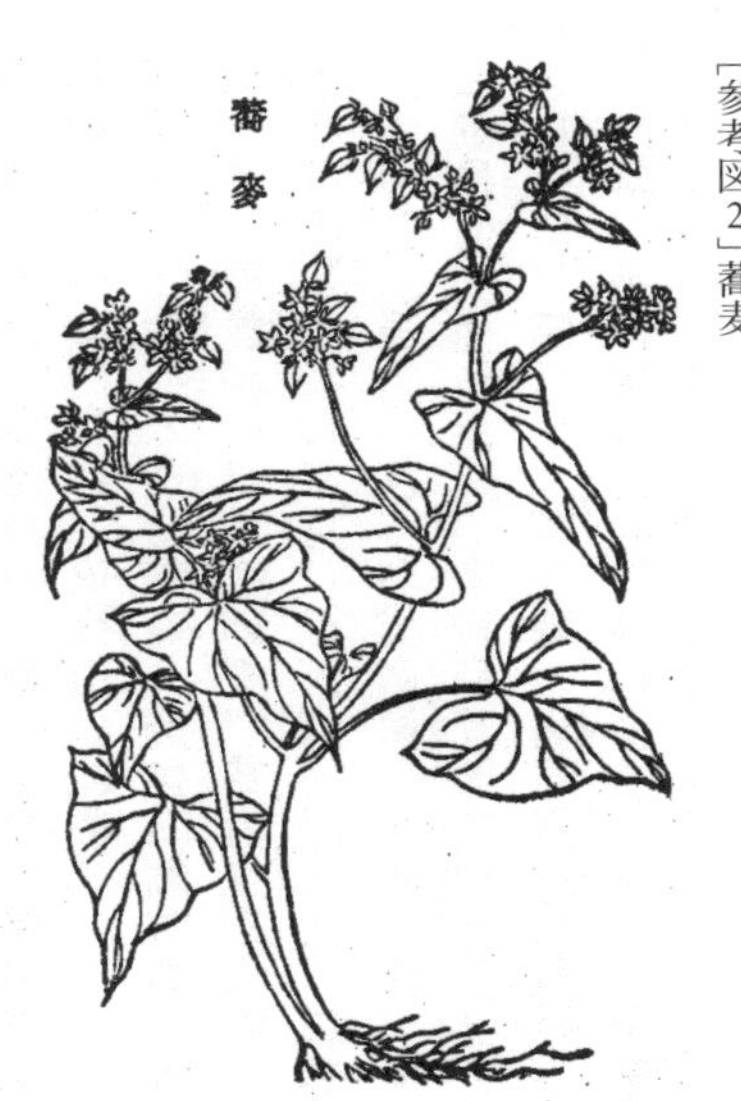

〔参考図2〕蕎麦

けただけ価格が上がるのだ。ただし宮澤知之氏の研究によれば、アワ・イネの籾殻を取り去った場合、その体積比は一〇：六ないし一〇：五になってしまうとされている（『宋代社会経済史論集』第一章）。したがって籾殻の有無による価格の差が生じるのは当然である。

また、これとは別に、農民たちが記憶している、近年の最低価格として一八五四年の価格も載せられている。単位はかさ（斗）と重さ（斤）とが混在しているが、実際に使われている単位なのであろう。それによれば、おもな穀物の最低価格は次のようであった。

一斗（一〇・四リットル）当たり　皮むき蕎麦：四二〇銭　米アワ：三〇〇銭　籾アワ：一六〇銭
　　　　　　　　　　　　　　　小麦：四八〇銭　蕎麦：一八〇銭　黒豆：一二〇銭

一斤（六〇〇グラム）当たり　小麦粉：二四～二五銭　蕎麦粉：二〇銭　豆粉：一四銭

以上の価格変動や最低価格をみると年によって二～四倍におよぶ変動があったことがわかる。その大きさに驚くが、蕎麦はいずれの数値でもコムギ・アワなどと肩を並べる価格であった。前述の通り、中林氏の全国を視野に入れた研究では、蕎麦の価格はかなり安いとされていたけれども、寿陽県にかぎっていえば主要な穀物の一つとして相応の価格で取引されていたことになる。これを歴史的にみれば元代とほぼ同じ地位を保っているようであるが、元代の史料は地域が限定されていた。寿陽県よりもずっと北の一地域である。元代以後、蕎麦の栽培と需要が南に広がり、山西省などの地域全体における食糧としての地位が上がっていたのであろう。

価格変動の大きさについて付け加えれば、これが当時の物価の実態である。基本的には豊作か不作かによって価格差が現れるが、『馬首農言』には買い占めによる価格高騰もあったことが書かれていた。価格変動は投機的な動向によっても増幅されたのだ。

最後に寿陽県産とは特定できないが、当時の太原あたりの蕎麦の図をあげておこう。呉其濬（きしゅん）著『植物名実図考』（一八四八年、太原刊）という農書に載せる、蕎麦の図である［参考図2］。本書六章でも述べる通り、この図の精緻なことには定評があり、よく植物の特徴をとらえている。これは現代日本の蕎麦とほとんど変わりがないと思うがどうであろうか。

おわりに

以上に述べてきたように、中国の蕎麦は北魏ころから栽培されており、元代には地域的な限定があるとはいえ、いまにつながる基本的な食糧となっていた。これ以後、栽培地域は中国北部の一部地域から急速に拡大したようである。それは土地を選ばない栽培のしやすさ、手間の少なさと成長の速さが人びとの需要に合ったためだと思われる。食味についてはそれぞれの好みなのでコメントするには及ばないが、日本の蕎麦切りのようなていねいな調理法ならばもっと広く受容されていたのでは、と考えるのは贔屓目(ひいきめ)であろうか。

【参考文献】

中林広一『中国日常食史の研究』汲古書院、二〇一二年
万国鼎「論『斉民要術』——我国現存最早的完整農書」『歴史研究』一九五六—一
米田賢次郎『中国古代農業技術史研究』同朋舎、一九八九年。参照論文の初出は一九六五年。
西山武一・熊代幸雄訳『校訂譯註　齊民要術』アジア経済出版会、一九七六年第三版
石声漢校釈『斉民要術今釈』科学出版社、一九五七年
繆啓愉『斉民要術校釈』農業出版社、一九八二年

W・ワグナー著、高山洋吉訳『中国農書』刀江書院、一九七二年
前野直彬『唐代伝奇集』全2冊、平凡社、一九六三、一九六四年
大川裕子・大澤正昭ほか「『馬首農言』試釈(一)——地勢気候・種植」『上智史学』六七号、二〇二二年)、「同(二)——農器・糧価物価」(『上智史学』六八号、二〇二三年)。
宮澤知之『宋代社会経済史論集』汲古書院、二〇二二年

四章

犂のトリセツ——長床犂略史

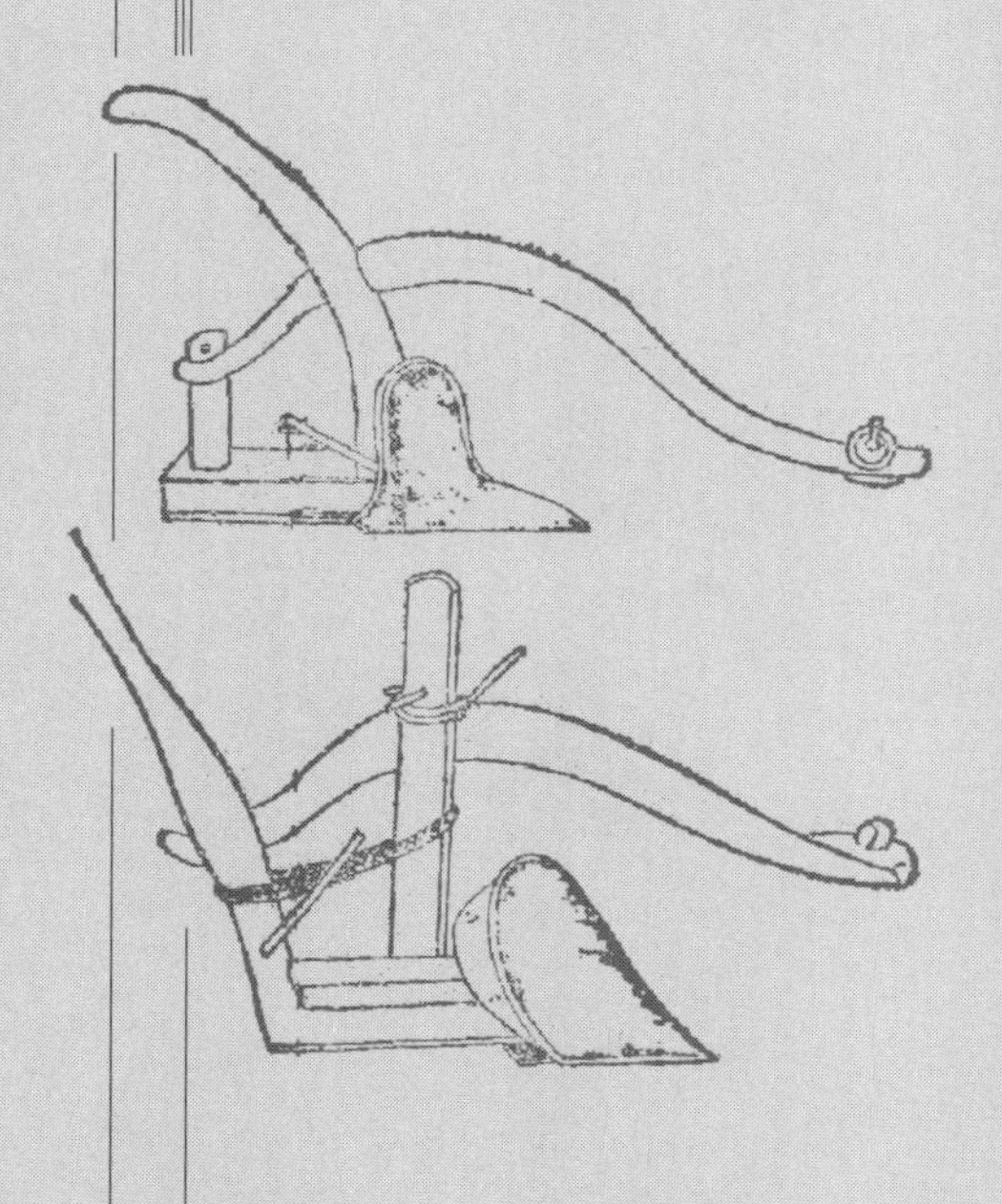

はじめに

本書二章で述べた華北乾地農法では、春耕で使う長床犂(ちょうしょうり)が大きな役割を果たしていた。本章では農具の問題に絞ってこの犂を詳細にみてゆく。ただし専門的な議論を展開するのではなく、犂の取り扱い説明書(トリセツ)とでもよぶべきおもしろい史料が残されているので紹介したいのである。これを読めば、あたかもプラモデルのように、長床犂の復元が可能なように思われてくる。なお、議論の詳細について知りたい方は拙著『唐宋変革期農業社会史研究』をご覧ください。

さて犂についていえば、世界各地で同じような役割・形態の農具が開発され、各地の条件に合わせて使われていた。それらを比較した研究もおこなわれている(応地利明氏「犂の系譜と稲作」など)。また日本の農業史では、古代・中世・近世・近代で犂の位置づけが異なっていたという興味深い研究もある(飯沼二郎・堀尾尚志氏『農具』)。それだけ各地の農業において重要な役割を果たした農具が犂であった。

二章の繰り返しになるところもあるが、再確認の意味も込めて犂について簡単にまとめておきたい。中国では枠型犂の型式に分類される長床犂がいち早く開発されていた。殷代に石製の犂が使われていたという議論にコメントする能力はないが、その歴史はかなり古いと思われる。小野恭一氏の出土スキサキの研究では戦国時代（紀元前四〇三〜二二一年）以降の事例を扱っており（「漢代スキサキ攷」）、おそらくこの時期あたりから、木製の犂に取り付ける鉄製のスキサキが開発され、農業技術において重要な意味をもち始めたのであろう。この長床犂は、木材を四角く枠型に組んだ農具で、農地を犂き起こすために使われる。その部材のうち、耕地に接している部材を「床（しょう）」あるいは「犂床」（日本では「いざり」）とよび、それが長いタイプを長床犂とよんでいる。この「床」が短い短床犂も敦煌などの辺境地域で使われていたが、中国史上の中心となっていた地域では普及しなかった。その構造が当該地域の耕地に適していなかったのだろう。そうしてこの犂は、歴史的には牛一頭挽きの小型のものから三、四頭挽きの大型のものまで作られるようになり、ここに発達の過程が表れていた。本章ではこの犂の構造を詳しくみてゆくが、それが可能なのは唐代にこの犂の構造を書き残してくれた人がいたおかげである。これを読んでゆくと部材の名称・役割や構造がよくわかる。農家の工夫の跡が刻まれているのである。

一　犂の図像の比較——漢代から唐代へ

唐代の犂を考える前に、それ以前の犂と比べてみよう。その変化のありようを大まかに確かめておきたい。

［参考図1］に掲げた二つの図はどちらもよく知られたもので、上は一、二世紀、後漢時代のレリーフの拓本、下は三世紀ころ、三国魏から晋代の墓の磚画（レンガに描いたもの）である。これらの犂の型式はどちらも枠型犂で、特徴をまとめれば次の三点になる。①牛（一、二頭）が挽いている、②横棒が二本みえるが、上の横棒は轅とよばれる部材で、形状はまっすぐである。③同じく下の横棒である床は、他の犂の型式と比較すれば長いものである。これらの特徴から、牛が挽く直轅型長床犂とよばれている。付け加えれば、上の図では床の先端に三角形の部材が付いているが、これは耕地を犂き起こすための、鉄製のスキサキである。当時としては、貴重な鉄製品だったので強調されて描かれていた。下の図にもスキサキはあったはずだが、鉄製ではなかったのかもしれない。これらは長床犂の図像の典型例で、ある程度デフォルメされているものの、おおよその構造は理解できる。この犂について、『斉民要術』巻一「耕田」には、次のように記されていた。

いま済州〔現山東省〕より西の地域では長轅犂と両脚耬〔＝二本の種まき管を備えている種播き機〕を用いている。長轅犂は平地を耕すにはまだよいが、山間の地域では使い物にならない。おまけに転回するのが至難の業で力が要る。斉地方の蔚犂の、扱いやすく便利なものにはおよばない。

ここに記されているのは済州以西で使われていたかなり大きな犂で、山間の狭い畑では方向を変えるのが難しかったといわれている。これは[参考図1]の後漢の犂の説明と一致するであ

[参考図1]上：陝西省米脂県出土、後漢の犂（拓本）
下：甘粛省嘉峪関壁画墓の魏・晋時代の犂

ろう。一方、現在の山東省にあたる斉の地域では「蔚犂」という扱いやすい犂もあったというから、こちらは轅が比較的短いものだったと思われる。地域差はあるが、ともに直轅犂の部類だった。ともあれこうした長床犂が乾地農法に使われてきたことは明らかである。この犂は、その後、改良が加えられ、畑作のみならず水田の稲作にも適用されるようになってゆく。

その後、前に触れたように、唐代の図像資料で甘粛省敦煌（シルクロードのオアシス都市）の莫高窟（ばくこうくつ）という仏教遺跡の壁画に犂の図が多く描かれている。けれどもほとんどが短床犂である。敦煌地方という、唐の領域全体からみれば辺境のオアシス農業で使われたものであった。そこで政治的中心地域の図像資料がほしくなるが、これがほとんどみつかっていない。わずかに陝西省三原県（二章で取り上げた『農言著実（のうげんちゃくじつ）』の舞台）で一九七二年に発見された、唐の高祖李淵の従弟李寿（五七七〜六三〇年）の墓の壁画があった［参考図2］。

この図の犂を前掲の犂と比較するとその形が変化していたことがわかる。床はやや短くなっているが、この程度では長床犂に分類される。けれどもスキサキ部分の構造が異なっているし、轅が曲がっている。これらの特徴を詳しくみよう。

まずスキサキの後に斜めに付いている部材はスキヘラ（撥土板（はつどばん））といい、北魏より後の時代に新たに装着された部材である。この部材はスキサキが掘り起こした土を左または右に「撥（は）ねる」役割をもつ。この図であれば左側に撥ねて、耕土を反転させる。そのため左側の土が若干高くなり、畝（うね）ができる。次に轅が曲げられた曲轅犂である。この轅は、力学的にいうと、前に引いた場合にスキサキにかかる力が大きくなって、スキサキが深く土に入るという長所がある。耕土の深さが増すことになって作物の根が深く張るようになるし、これによって作物が乾燥に耐えられるのだ。このように唐代初期には二か所が改良された長床犂が登場していた。この図は陝西省で発見され、また二頭の牛が引いていた犂であるところをみると畑作用の犂だったと思われる。では水田用の犂はなかったのだろうか。あるとすればどのように改良されていたか、どんな構造だったかが知りたくなる。出土資料などでそれらしき模型もあるが、犂の構造は明確ではない。だが出土資料や図像ではなく、文章で解説した史料なら、本章「はじめに」で述べたように、存在するのだ。次にこの史料について詳しく考えてみよう。

［参考図2］唐・李寿墓の壁画
（孫機『中国古代物質文化』中華書局、二〇一四年、九頁図1―7）

二──『耒耜経』の検討

それは唐代、九世紀末の人、陸亀蒙（きもう）が残した『耒耜経（らいしきょう）』である。なじみのない漢字の書名だが、「耒・耜」はともに古代の耕起用の農具で、耒は二股のフォーク状の農具、耜はスコップ状の農具である。唐代なのに古い名称をもち出しているのは、これを農具の雅称として用いているからである。当時の名称は犂であったが、耒・耜と表現すると伝統の重みが出てくる。また「経」はものごとの根本の意義を書いたものという意味である。つまりこの本の題名は「耕起用農具の根本の書」といった意味である。

陸氏が経営していた荘園については終章で詳しく述べる。彼は蘇州（現江蘇省）の近郊に四頃（五八〇アール）ほどの農地をもっており、自分も農作業に参加しながら稲作をおこなっていた。そうした農園生活のなかで、知識人として詩・文に親しんでいた。彼はあるとき長床犂に興味をもち、農民からその構造の詳細を聞き取って、記録した。こうした行為は当時の知識人としてはきわめて珍しいものだったが、私たちにとってはこの上なくありがたい情報を残してくれた。この文章を読み解くことで、そこからどのような形の犂が浮かび上がってくるか考えてみたい。これは設計図ならぬ設計書で、いわば取り扱い説明書（トリセツ）である。このトリセツから犂の形態・構造を読み取り、それを壁画や『斉民要術』、元の王禎（おうてい）『農書』が記録する犂と比較したいのである。

ここで『耒耜経』の原文をあげて文字の校訂からいちいち説明してもよいが、それにはかなりの忍耐力が要るし、紙数の余裕もない。そこで必要に応じて原文も入れながら、全文の訳を提示してみることとする。まず序文から。

（序文）

耒耜というものはいにしえの聖人・神農氏が製作したものである。人々が穀物を食べるようになってからいまに至るまで、みな耒耜を頼みとしている。天下・国家を保とうとする者は、これがなくては話にならないのだ。日々飽食して無為に過ごし、耒耜の意味を知ろうともしないようでは、列子（＝戦国時代の道家の思想家、列禦寇（ぎょこう））がいうところの「禽獣」（＝鳥や獣）のように智慧のないものではないだろうか。

私は農村に住んでいるが、ある日農民をよび、彼に就いて耒耜の詳細を調べた。そうしていると、うっとりとわれを忘れ、神農氏の宮殿に参上して、農業の方法を伝授されているかのような心地であった。清い風がすがすがしく髪の毛をそばだてる。このようにしているうちに、聖人の心のうちが大きくそして広いことを知ったのである。孔子が「私は老農には及ばない」（『論語』子路篇）といったのは真実であった。そこで私は『耒耜経』を書き上げて備忘録とし、日ごろの食事に対して面目ない思いをもたないようにしたいのである。

ここには陸氏の農業に対する真摯な想いが溢れている。日々の食事から、それを生み出す農業へと視野を広げてゆく。これは本書の「はじめに」で書いた私の問題意識と通じるところがある。後世になると、肉体労働をおこなう農業や農民を蔑視する風潮が広がるけれども、この時代にはまだ真剣に農業の意義を考えようとする知識人がいて、活動していたのである。これに続いて本文があり、「耒耜の詳細」を述べている。便宜上、段落を分け、簡単な解説を付けて訳してゆく。

（本文）

①耒耜とは農業書に記されている用語である。人々はこれを犂と呼び慣わしている。金属で鋳造する部材は犂鑱(さん)（スキサキ）といい、犂壁（スキヘラ）という。木を加工して作るものは犂底といい、圧鑱(あつざん)といい、策額といい、犂箭(せん)といい、犂轅といい、犂梢(しょう)といい、犂評といい、犂建といい、犂槃(ばん)という。木と金属とあわせて一一の部材である。

このように犂は金属（ふつうは鉄）と木の一一の部材からできていて、すべて名称を与えられている。ここで「犂底」とよばれている部材は、一般には「犂床」とされている。また、鑱以外は難しい字ではなく、後文を読めばわかるように、文字の意味と部材の役割がほぼ一致している。

②耕した土を墢(はつ)という。墢とは塊といった意味である。その墢を起こすのは犂鑱であり、反転させるのは犂壁である。雑草は必ず墢に生えるので、これを反転させなければ根絶できない。それゆえに犂鑱は臥せた形で下部にあり、犂壁は仰向きの形で上部にある。犂鑱は先端で鋭さを示し、犂壁は後部で丸みを呈している。

この部分は鉄製の部材で、いわば犂の最重要部である。犂壁の役割を雑草の根絶と解しているが、耕土を一方向に反転させるのが主たる役割で、雑草の除去はその結果である。後半は訳がややわかりにくいかもしれないけれども、原文が訳しにくいレトリックを用いているのでつい硬い訳になってしまった。要するに鋭いスキサキが前方下部に横たわり、丸みを帯びたスキヘラがその後方上部で仰向けになっているという意味である。

③犂鑱を受けている部材を底という。底の先端は犂鑱のなかにはめ込まれているので、犂作り職人はこれをスッポンの肉とよんでいる。

この記述では、底(つまり「床」)がスキサキのなかにはめ込まれているといい、その形態が亀のスッポンのようだというのである。確かに[参考図3]の、出土したスキサキをみれば、その後部(図の右側部分)には空洞がある。ここに底をはめ込むのであり、これを「スッポンの肉」つまり亀の首のようだといわれれば納得できる。

④底の次は圧鑣という。犂壁の背に二つの孔があり、圧鑣の両側と紐などでつながれている。圧鑣の次は策額という。その名称は犂壁を守ることができるという意味である。これら底・圧鑣・策額はみな重なり合っている。策額から犂底まで縦に貫いている部材を箭という。

ここにいわれている圧鑣は「鑣」つまりスキサキに「圧」をかけて抑えているという意味である。これとスキヘラが二本の紐でつながれているというところからすれば、スキヘラは向きを左・右に変えられる構造である。策額の策は「杖、杖つく」という意味ももち、額は文字通り「顔のひたい」であろう。したがって楕円形の犂壁の上部を後ろから杖のように支えているのである。これらの構造は、後に述べるようにこれまでの学説で解釈が分かれている部分である。私がここで注目したいのは底・圧鑣・策額の三つの部材が「重なり合っている」と書かれているところである。原文は「皆ナ貤(い)然トシテ相戴ス」で、「貤」は重なり合っているという意味で、それらが載っているのだ。これを素直に解釈すれば、最も下に底があり、その上に圧鑣があり、さらにその上に策額があるということになる。そうしてこの三つの部材を縦に貫いている部材が箭であった。したがって箭は三つの部材を串刺しにしていることになる。また圧鑣と策額は犂壁つまりスキヘラの後ろに接していたのである。こう解釈したうえで次の記述に進もう。

⑤前の方で柱のような形で曲がっている部材を犢という。後ろの方で柄のような形で高くなっている部材を梢という。犢には穴があり、ここに箭を通してそれを緩めたり張ったりすることができる。犢の上にはさらに槽（＝飼い葉桶、桶の意）の形をした部材があり、ここにも箭を通す。これには段が刻んであり、前が高く後ろが低くなっている。これを前に進めたり後ろに退（ひ）いたりするので評という。進めれば箭は下がり、犂鑱の土に入る角度が深くなるし、退けば箭は上がり、土に入る角度が低くなる。その上下するさまが弓矢を激射する様子に似ているので箭（＝弓矢の矢）といい、その深度を調節する働きが可否の決定に似ているので評という。評の上で湾曲した横木のようなものを建という。建とは楗（かんぬき）のことである。犢と評の止め木の働きをしている。これがないと犢も評も飛び出してしまい、箭は止まっている

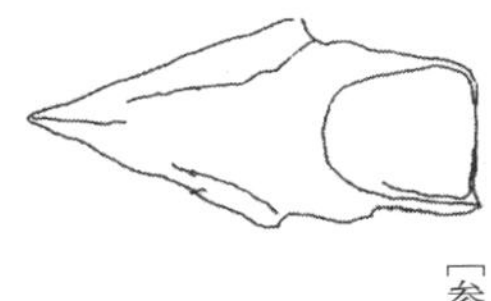

［参考図3］揚州出土の宋代のスキサキ（陳文華編著『中国古代農業科技史図譜』）

ことができない。

この部分の記述では、最初に轅が曲がっていることを述べているので［参考図2］の犂と一致する。ここで付け加えると犂の轅の形状を示す史料に次のようなものがあった。少し脱線するが覗いてみよう。『太平広記』に出てくる犂作り職人の話である。

唐の貞観年間（六二七〜六四九年）のこと、定州鼓城県（現河北省）の人、魏全の家は裕福であったが、その母が突然失明した。そこで易者である王子貞に（治療法を）問い尋ねた。子貞が占っていうには「明年、東方から青い衣を着た人が来る。三月一日に来るので治療してもらえば必ず治る」と。その時がきて、青い紬（つむぎ）の襦（＝肌着）を着た人を見つけたので出迎えて大いにもてなした。その人がいうには「私は医療のことはわかりません。犂を作ることがわかるだけです。ご主人のために犂を作りましょう」と。斧をもって屋敷をめぐり犂の轅を探した。曲がった桑の枝が井戸の上に伸びているのをみつけたのでこれを切り落とした。するとその母の両眼はぱっと明るくなり、物が見えるようになった。この曲がった枝・葉が井戸を覆っていたために起きた事態なのであった。

（巻二一六「王子貞」、『朝野僉載』より）

この話はすぐれた易者のエピソードであるが、農業史の史料としても大いに役立つものである。ここからわかるのは、犂作り専門の職人が地方を巡っていたこと、犂の轅を桑の木で作ることおよびその曲がり具合が井戸の上に張り出して覆うような形だったことなどである。とくに三点目の曲がり具合に注目すれば、壁画の轅の形とこの記述が一致していることに気がつく。この話によって唐代初期の犂はすでに直轅型ではなく曲轅型に変化していたことが確かめられるのである。

次いで⑤には犂の土を耕す深さを調節する仕組みが記されている。ここのカギとなる部材は箭と評で、箭の長さを調節することでスキサキが土に入る角度を決めるという。その決め手は評で、評が箭の位置を決める役割を果たしていた。そこには段がついており、前が高く後ろは低く、前後に動かすことができた。評の意義は二か所で述べられており、前後に動かす、可否を決定する、それゆえ「評」というのだと説明している。手元の辞書をみれば評という文字は「はかる」「しなさだめする」と解釈されており、この部分の記述はほぼ納得できる。ともあれ犂の深度調節装置が装着されているのであり、犂の機能は大きく進歩していたといえる。

⑥轅の先端に横たわっている部材を槃（ばん）といい、この文字は回転できるという意味である。左・右の端に綱などをつなぎ、牛が軛（くびき）で挽く。轅の後ろ端を梢（しょう）という。中間を手で支えて耕起作業をする部材である。轅は車の胸部のような役割であり、梢は舟の尾部のような役割である。部材は以上である。

ここでは轅の前後と最後尾の部材である槃と梢について述べている。槃については二章で取り上げ、王禎『農書』の図も載せておいたので参照していただきたい。以上の記述で部材とその働きなどをひと通り述べたことになる。

次に各部材の寸法を述べている。あらかじめ書いておけば、隋・唐時代には大尺と小尺の二つの寸法があった。大尺一尺は約二九・四センチ、小尺一尺は約二四・六センチで、一寸はそれぞれの一〇分の一である。ただ犂の製作にどちらを用いていたのかはわからない。

⑦犂鑱の長さは一尺四寸、幅六寸。犂壁は幅・長さともに一尺で、やや楕円形である。底は長さ四尺、幅四寸。底は圧鑱よりも二尺長い。策額は圧鑱よりも四寸短く、幅は底と同じである。箭の高さは三尺。評は一尺三寸。槃は評よりも一尺七寸長い。建はそれらに見合った適当な寸法である。轅の長さは九尺、梢はその半分である。轅から梢までの中間は四尺である(?)。犂の全長は一丈二尺である。

ここでは部材そのものの寸法と他の部材との比較が記されている。比較の数値によれば、圧鑱は二尺だったことになるし、策額は一尺六寸だった。また槃は三尺である。ただ記事のうち、傍線部は原文を検討しても意味がよくわからない。それを除いて考えれば、全長一丈二尺は大尺で三・五メートルほど、轅だけで九尺つまり二・六メートル余りとなり、小尺では全長が三・〇メートルほどで、轅は二・二メートルほどになる。いずれにせよ曲轅型長床犂である。ここでもう一点注目しておきたいのは、底・圧鑱・策額がひとまとめに記されていることである。④の記事にもあったような、それらの一体性が確かめられるのだ。最後に止め木の建であるが、「評の上」にあるとされているものの明確な位置は示されていない。想像であるが、建は横向きに箭に通してある木で、これが評の上部にあるので、轅から箭が抜けないのであろう。

ここまでが犂に関する記述であった。最後に犂と一体となって使われる農具について述べている。

⑧犂耕の後に爬をかける。爬とはいわゆる杷（＝短い鉄の歯を並べた棒に柄を付けたレーキ・熊手のようなもの）の意味である。墢（②に既出、土の塊）を砕き、雑草の根や古い根株を取り除くもの

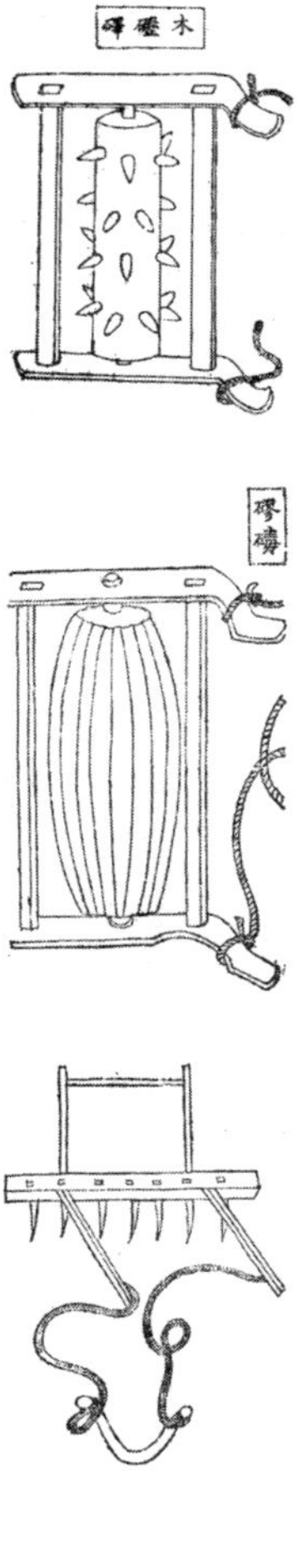

［参考図４］礰礋（上）、磟碡（中）、耖（下）
（王禎『農書』農器図譜集之二「耒耜門」より。耖の図は逆転しているので正してある）

である。爬をかけた後、礰礋（れきたく）をかけ、磟碡（ろくとく）をかける。爬から礰礋まではともに歯があるが、磟碡は角（かど）があるだけである。みな木で作るが、堅くて重いものがよい。江東の農具は以上に尽きる。

この記述は二章に述べた華北乾地農法の農具体系と基本的に共通している。そこでは犂耕—耙—耮であったが、ここでは犂耕—耙(=爬)が同じで、その後の礰礋と磟碡をかけるところが異なっているだけである。この礰礋と磟碡はともにローラーで、前者は歯のあるもの、後者は角だけのものであると解釈されてきた。それは王禎が『耒耜経』を『農書』に引用して、そこに付けている図を根拠にした解釈である[参考図4]。彼はさらに、これらの文字が石偏であることから、本来は石製であったが、江南の水田では木製を使っただろうと推測していた。

⑧の記述からわかるのは、江南の耕起・整地体系が北の畑作体系を継承して改良したものであったこと、また耮の役割を二種類のローラーでおこなっており、水田の環境に合わせていたことである。ただこのローラーは宋代になると耖（そう）に代わっていた。南宋の楼璹（しゅう）著『耕織図詩』に載せられている詩が残っており、それを王禎が引用し、さらに図を載せていた。これも[参考図4]に載せておく。ちなみにこの耖は日本でいう水田用の馬鍬（まぐわ）である。こうした農具の変化をみると畑作用の農具が唐代までに水田用に改良され、宋代にはさらに水田により適した農具に改良されたことがわかる。

三――犂の復元と先行研究

以上『耒耜経』の犂の記述をていねいに追いかけてみた。わかりにくい部分もあるけれども、おおよその犂のイメージはつかめたであろうか。陸氏はプラモデルの部材をみているかのように細かな描写をおこなっていた。次にはこの部材を組み立ててみなければならない。とくにスキサキ・スキヘラおよび底・圧鑱・策額の、いわば心臓部がどのような構造になっていたのかが問題である。前述の私の解釈に沿って組み立ててみる。これを文章で表すのは無理なので、私なりの図にしてみると［参考図5］のようになる。これで記事と合っていると思うが、どうであろうか。

さてここで私の復元図とこれまでの研究で提出されている復元図を比べてみよう。［参考図6］である。

これらの五種の復元図はいずれも全体図であるが、私の部分的な復元図と十分比較できると思う。なかでも明確に異なっているのは底・圧鑱・策額の部分である。最上段の図①は中国歴史博物館で復元した図であるが、当該部分の構造についてはまったく注意が払われていない。箭との関係もよくわからない。これ以外の四図は研究者のもので、②宋兆麟氏（一九七九年）、③楊栄垓氏（一九八八年）、④F・ブレイ氏（一九八四年）、⑤渡部武氏（一九八八年）が提出されたものであり、いずれも『耒耜経』の記事を踏まえたものと思われる。渡部武氏の復元図⑤は、ていねいに復元されているものの、先行研究に影響されてか一部が原文に忠実ではなかった。ご覧になればわかるように、これらの復元図はいずれも圧鑱・策額の構造が私の訳した原文と合っていない。つまり三つの部材が「重なり合っている」という記述に沿っていないのである。

そこでなぜこういう構造が提示されていたのかを考えてみると、王禎が犂の図を掲げていたことに思い至る。［参考図７］である。

この二つの犂の図をみるとかなり大まかで、だいたいの形を表した図のようにみえる。とくに下の図の木組みなどは写実的ではないし、陸氏の記した「評」は描かれていない。とはいえ当時の犂の特徴——スキヘラや曲轅の形状などは明確に押さえていた。ここで問題の心臓部をみよう。スキヘラ（つまり犂壁）の後ろの部分に横になった部材があり（図下）、また細い棒が付いている（図上）。これが『耒耜経』で「犂壁を守る」という策額なのであろう。ただし、底の上に直接乗っているはずの圧鑱と思われる部材は描かれていないし、その痕跡もみえない。圧鑱は元代にいたる改良の過程で必要がなくなったとして取り外されたのであろうか。「評」も不要になっていたのであろうか。これらは唐末の犂が元代までに改良されていた結果として、当然あり得ることである。

ところが先行研究で提示されている、唐代の犂の復元図は、元代の王禎の図の影響を受けているようにみえるのだ。おそらく『耒耜経』原文の記述ではこの王禎の図と合わないために、意をもって変えたのではないのだろうか。つまり王禎は圧鑱がスキヘラの陰に隠れているとみな

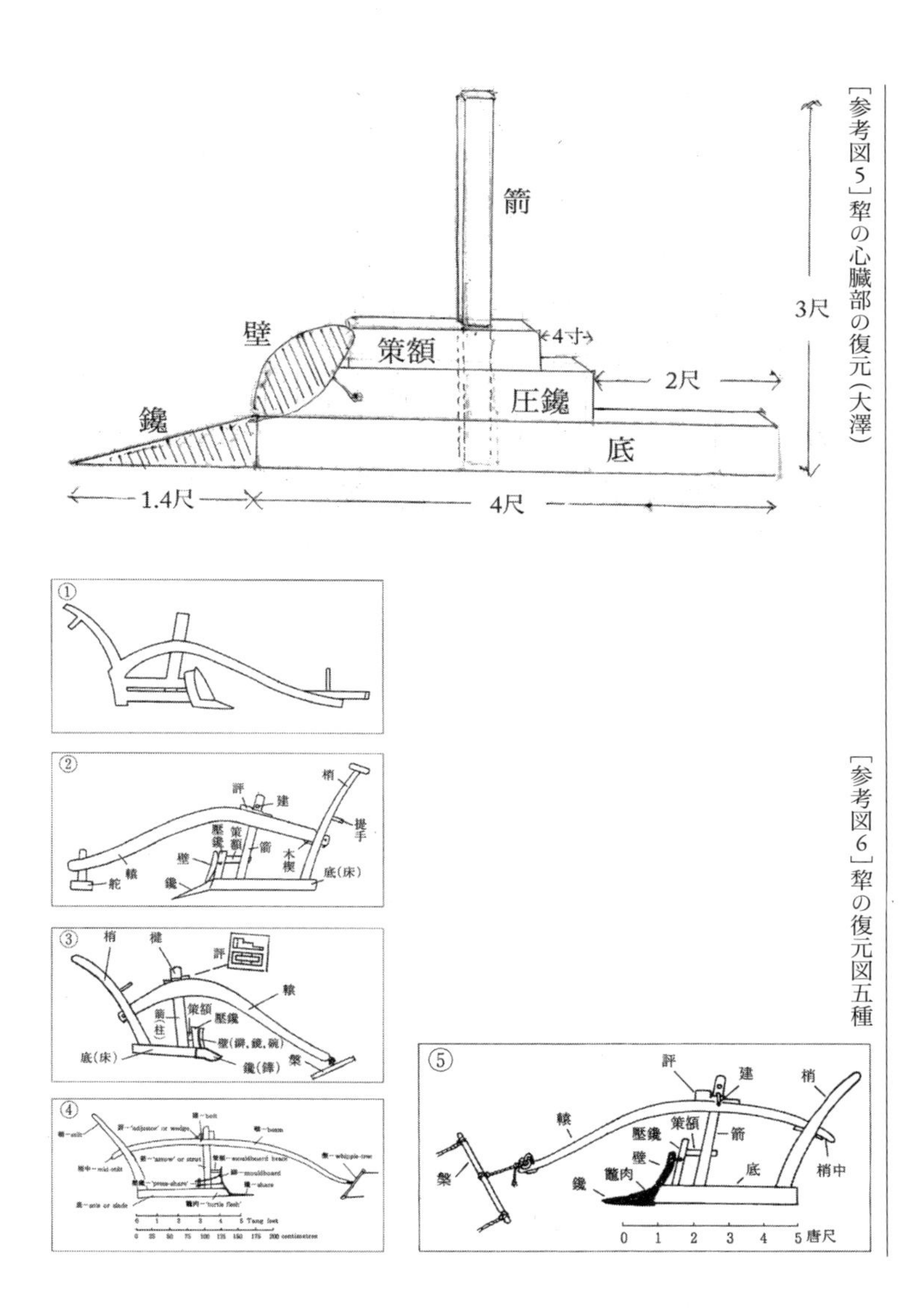

[参考図5] 犂の心臓部の復元(大澤)

[参考図6] 犂の復元図五種

し、策額だけはみえるものとしたのだと、研究者たちが考えたのではないだろうか。こうして『耒耜経』原文の記述と王禎の図を合体させた「復元」図としたのではないか。復元図作成までの苦心が眼に浮かぶようであるけれども、もしそうだとすれば犂の形の歴史的な変化を考えていなかったことになる。私は『耒耜経』の原文にできるだけ忠実に復元した。そのうえで王禎の図は元代のものであり、唐末から元に至るまでの三〇〇年間に犂の形が変化した結果がここに表れているとみたいのだ。つまり曲轅型長床犂は、唐末に陸氏が記した犂から元の王禎が大まかに描いた犂に改良されたのであった。

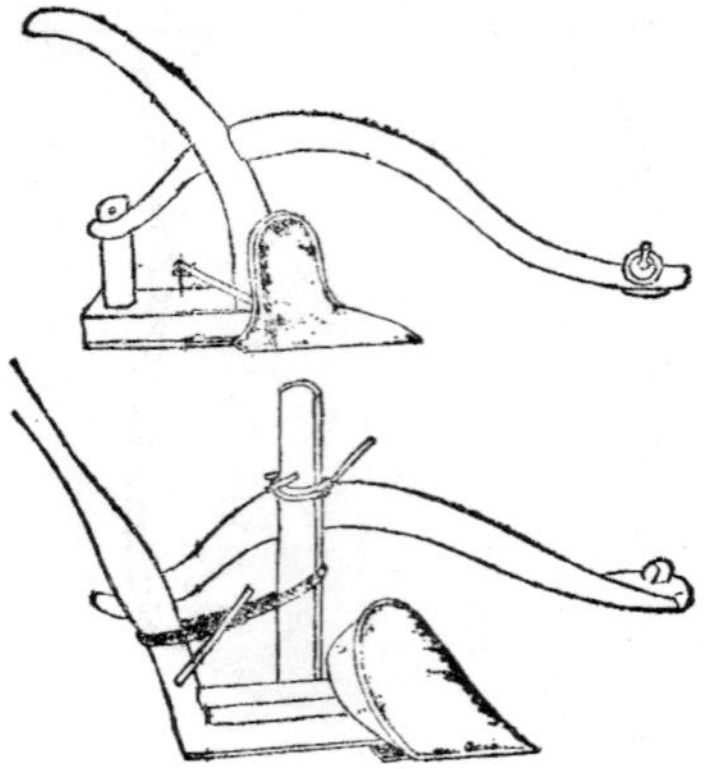

［参考図7］犂（農器図譜集之二、耒耜門より）

おわりに

以上のように『耒耜経』をていねいに読み込むことで長床犂の構造が理解できたし、さらに漢代から元代までの犂の形態変化もみえてきた。長床犂であることには変わりないが、轅が直轅から曲轅に変わり、耕起深度の調節装置が付くなど改良が重ねられてきた。またとくに水田用には牛一頭挽きの小型犂も実用化され、農地の条件に合わせた改良がはかられた。こうした犂の改良が中国農業の生産力発展に重要な役割を果たしていたことは容易に想像できる。畑作・稲作を問わず、どちらにも使うことができる犂となることで、中国農業史上に占める地位を確固たるものとしたのである。歴史的にみれば、漢代から北魏までの犂、唐末『耒耜経』の犂、そうして元代の王禎『農書』の犂にはその発達の段階が示されていた。

最後に付け加えると、日本では明治農法といわれる近代的農法が取り入れられ、湿田を乾田化するとともに、短床犂を馬に挽かせる犂耕技術が登場した。これは「乾田馬耕」と総称され、この農法によって生産力が急速に伸びたと評価されている(前掲『農具』)。しかし中国ではこのような近代的農法はみられなかったようだ。長床犂は全体が鉄製になったものの、その形態に基本的な変化はなかった。日中のこの違いをどう考えればよいのだろうか。もしかすると犂という一農具が表現する、日中農業の特質がみえてくるのではないのか。これは今後の研究課題である。

【参考文献】

大澤正昭『唐宋変革期農業社会史研究』汲古書院、一九九六年
応地利明「犂の系譜と稲作」（渡部忠世編『稲のアジア史1　アジア稲作文化の生態基盤―技術とエコロジー―』小学館、一九八七年）
飯沼二郎・堀尾尚志『農具』法政大学出版局、一九七六年
小野恭一「漢代スキサキ攷――中国古代の犂耕と農業の地域的特質を考える前提」（大澤正昭・中林広一編『春耕のとき　中国農業史研究からの出発』汲古書院、二〇一五年）
陳文華編著『中国古代農業科技史図譜』農業出版社、一九九一年
宋兆麟「唐代曲轅犂研究」（『中国歴史博物館館刊』一、一九七九年）
楊栄垓「曲轅犂新探」（『農業考古』一九八八年二期）
F・ブレイ　J.Needham "*SCIENCE AND CIVILIZATION IN CHINA*" Vol.6 PartII.By Francesca Bray.1984
渡部武「中国古代犂耕図再考――漢代画像に見える二つのタイプの犂をめぐって」（『古代文化』四〇巻一一号、一九八八年）

五章

「日常茶飯事」っていつから？

はじめに

「日常茶飯事」という言葉がある。いうまでもなく、毎日のありふれたこと、といった意味である。茶と飯が「ありふれたこと」といえるのは、食べるものに事欠かない裕福な階層なのだが、それはおいておく。私は以前、この言葉はてっきり中国から来たのだろうと思い込んでいた。しかし講義に使おうと思っていろいろ典拠を探したがみつからない。結局、辞書・事典類が書いているように、日本で用いられ始めた言葉であろうと考えてきた。頭の片隅に少し引っかかったままではあったが。

その後、論文に書こうと思い、茶関係の史料を探していたときある文章に出会った。北宋・王安石(一〇二一〜八六年)の茶法に関する議論である(『王文公文集』巻三一「議茶法」)。そこに次のように書かれていた。

そもそも茶が民間で飲まれているさまは米・塩と同じで、一日でもそれなしにはいられない。

ここに「茶飯」とは書かれていないが、米とは「米の飯」の意味である。一一世紀の半ばころ、茶・米(飯)・塩の三点セットが必須の飲食物という地位を与えられていたことがわかる。米は本書でも述べてきたように本来は籾摺りした穀物の意であるが、ここではイネを指すのかもしれない。茶はこれらと並んで、民間の必須の食物となっていた。だが王安石のこの表現には前例があった。唐代の官僚李珏(かく)が長慶元(八二一)年に茶税の増税に関する議論のなかで次のように論じていた。

飲みものとしての茶は米・塩と変わりなく、人の役に立つ風俗になっていることは遠・近を問わず同じである。もしこれがないとなれば人々の熱望はやむことがない。農村地域ではとりわけ嗜好性が強いものである。

(『旧唐書』巻一七三李珏伝、『冊府元亀』巻四九三邦計部山沢)

この議論で李は、茶が民間の必須の飲みものになっているからには、いま以上に増税してはいけないと主張していた。王安石より二〇〇年ほど前の官僚にこのような認識があったのである。つまり九世紀前半にすでに茶の飲用が民間に普及し、欠くべからざる飲みものとなっていた。

さらに史料を探してみると唐代、八五六年にできた楊曄(よう)著『膳夫経手録』に、いま関西・山東の町や村ではみな茶を飲んでいる。何日間か食べものがなくても過ごせるが、一日でも茶がなければ暮らせない。

と書かれていた（この史料は後に詳しく取り上げる）。少々オーバーな表現ではあるけれど、長安・洛陽周辺などの地域では茶が一日も欠かせない飲みものなのだという。このような茶に対する認識が「日常茶飯事」となるのはまもなくのことであろう。つまり「日常茶飯事」は日本で生まれた言葉ではあるが、中国ではそのかなり前に茶の飲用は「ありふれたこと」になっていた。ではこの茶の飲用とはいったいいつ始まり、どのように普及したのだろうか。本章ではこうした茶の歴史について、農業史の視点から考えてみたいのである。

ついでにいうと、このごろ和食の食堂に入っても温かいお茶を出さないところが多い。お茶が出てもほうじ茶で、緑茶はめっきり減ったようだ。客の好みに合わせているのだろうが、日本では日ごろお茶、ことに緑茶を飲む習慣がなくなりつつあるような気がする。お茶とそれにまつわる文化に親しんできた世代としては、きわめて寂しいことである。ちょっとの時間をかければ、飛びっきり(?)美味しいと感じるお茶を煎じられるのに。もっと多くの人にこのお茶の深い味わいを感じてほしいし、もっとお茶にかかわる歴史を知ってもらいたいと思う。以下、個人的な思い入れも込めて茶の飲用が始まった歴史的事情を述べてみることとする。

一――茶葉の種類

最初に茶葉の種類とそれらをめぐる私的な経験を記しておきたい。世界の飲用茶の分類法はいくつかあるが、葉の色で分けるのがわかりやすい。それには六種類あり、緑・紅・青・黒・白・黄茶である。これらは茶樹の葉が原料であることは同じだが、摘んだ葉の処理法――不発酵・半発酵・発酵・後発酵など――の違いで、色もそして味も異なっている。このうち白・黄茶は中国でもほとんどみたことがない。ただ白茶は福建省の北部、政和県で宋代の墓地を調査していた際、「政和白茶」という看板が出ているのをみつけた。この地域の特産品だったらしい。ホテルの売店にも並んでいたのだが、中国の土産店の通例で茶の缶があまりにも大きすぎ、とても買う気になれなかった。中身の見本や試飲用もなく、残念な思いだけが残った。後で調べてみるとこれは弱発酵茶の一種だったようだ。黄茶の方はこの一〇年あまり続けていた中国旅行中、どこにもみかけなかった。街の茶店やスーパーはこまめに覗いたつもりだったがみつけられなかった。これも調べてみれば、弱後発酵茶に分類されるようだ。ともあれ、この二種のマイナーな茶を除き、四種の茶を簡単に紹介し、参考にしていただくこととする。

緑茶：不発酵茶。いうまでもなく日本で広く飲まれている茶葉である。中国では杭州郊外で産する龍井茶が有名である。一九九六年に杭州に滞在したおり、龍井（水が渦巻くように湧きだしている泉だった）のあたりを案内してもらった。途中、茶摘みの女性が働いており、たしか一日一〇元（日本円で一五〇円ほど）の稼ぎだと聞いた。そこからほど近くの道端では茶農家らしきおじさんが大きな電熱式のボウルのようなもので、摘んだばかりの茶葉に火入れをしているのを見た。左手で電気のスイッチを開閉しながら、右の手の平で茶葉をボウルに抑えつけ、かき混ぜている。こうして発酵を止めるのであろう。市内の店で買った龍井茶はこのように作られたのだ。お湯を注ぐとすぐに大きめの若葉が開き、日本の緑茶よりは色が浅い、味もさっぱりした茶であった。

紅茶：発酵茶。ヨーロッパとくにイギリスで飲まれているものが有名である。ロンドンで飲んだ紅茶は絶品であった。茶葉を買い求めて帰国し、日本で淹れてみたが、さほどの味わいではなかった。あの味は彼の地の硬水のおかげであると知ったのは、その後である。近年、日本でもさまざまな種類の紅茶を扱っている店が繁盛しているようであるけれど、そこでは紅茶に合う水は売られていない。残念なことだ。ちなみに現在の有名な茶葉の産地は、スリランカやインドのアッサム、中国の雲南などであるが、キーマンという種類は中国の地名、安徽省祁門（チーメン）県に由来するという。その地の特産品が紅茶のブランドになったのだ。

青茶：半発酵茶。一般には烏龍茶とよばれており、鉄観音・凍頂烏龍茶などのブランド名がある。台湾に旅行したときには必ず買い求めてくる。あるときのシンポジウムの際、現地の大学の教授が勧めてくれた東方美人という銘柄はやはり一味違うものだった。二〇二三年に台湾の調査に出かけたおり、台北のホテルの向かい側に茶問屋があった。そこで量り売りをしていた凍頂烏龍茶もやはり美味しいものであった。

黒茶：後発酵茶。雲南省の普洱（プーアル）が生産の中心になっているプーアル茶が有名で、独特の香り（土の香りだという人もいる）がある。円盤状や板状に固めた茶として売られており、立派な化粧箱に入れた高級品は高価で、贈り物に使われている。お土産としていただいたプーアル茶をゼミの学生に提供したが、その評価は「？」であった。日本人にはなじみのない味である。この黒茶はいわゆる茶馬貿易で遊牧民に伝わり、そこにも定着した。バターを入れて飲むモンゴルの茶はこの茶葉をナイフで削って煮出すのだと、先輩研究者に聞いたことがある。

以上の茶葉は歴史を経て形成されてきた種類である。たとえば紅茶は長い航海を経てヨーロッパに到着するので、その輸送の間に発酵が進んでできた茶葉が起源ともいう。現代の茶葉には歴史的な背景があるのだ。ただ中国の史料に登場する茶葉がどのようなものだったかは不明である。茶を「煎じる」、あるいは「煮る」などと表現されているところからすれば、また長時間かけて輸送されているものもあることから考えれば、何らかの方法で処理した茶葉を使っていたはずである。ともあれこうした茶の飲用がいつどのように史上に現われ、普及したのか、次に考えてみよう。

二――喫茶の風の爆発的流行

中国史上では長江より南の地域でかなり古くからお茶を飲んでいた。それはいくつかの史料に記されている。たとえば前掲の『膳夫経手録』は唐代後半期の茶や調理に関連する本である。そこに次のような記事が載っていた。さきに省略していた部分も載せよう。

茶がいにしえの時代に飲まれていたと聞いたことはない。近い時代では晋・宋〔三～五世紀〕のころより以後、呉地方〔＝現在の江蘇省〕の人々が茶の葉を摘んで煮たものを茶粥としていた。唐代の開元・天宝年間〔八世紀前半〕に次第に広がり、至徳・大暦年間〔八世紀後半〕にメジャーになり、建中年間〔八世紀末期〕以後、隆盛を極めた。……いま関西〔＝長安周辺〕や山東〔＝洛陽周辺か〕地方では町でも村でもみな茶を飲んでいる。食べものがなくても何日間か過ごせるが、一日でも茶がなければ暮らせないのである。……

ここには唐代前半期までの茶の略史が記され、八世紀に急に広がったことが述べられている。そうしてこの本ができた九世紀半ばには民間で必須の飲みものとなっていたという。およそ一〇〇年間であまねく民間に受け入れられたのだから、当時の時間感覚でいえば爆発的な流行とみなしてよいだろう。茶はここからさらに普及するのだが、その出発点からして驚異的であった。

こうした茶の流行については他にも史料がある。唐・封演著『封氏聞見記』に次のように記す。

……南方の人は好んで茶を飲んでいたが、北方の多くの人が飲むなどということはまったくなかった。開元年間（七一三～七四一年）に泰山の霊巌寺に降魔師（＝悪魔祓いの僧侶）がおり、禅の教えを興隆させた。禅を学ぶには徹夜で修行し、さらに夕食を食べず、茶を飲むことだけが許された。そこで各自茶葉をもち、方々で茶葉を煮て飲んだ。これより茶が広く伝わって、みなまねするようになり、ついには風習となった。……次第に都の市街に広がり、多くの人が店を開いて茶を煎じて売り、僧侶か否かを問わず、銭を払って飲んだ。その茶葉は江淮地方から舟や車を連ねて運ばれる。至る所に山と積まれ、種類も量も非常に多かった。……考えるに、古人も茶を飲んでいたのだが、いまの人がこれに溺れているほどひどくはなかった。昼も夜もなく、ほとんど風習となっている。……（巻六、飲茶）

この著者封演は八世紀後半の人なので、ここに記されたエピソードは彼が実際に見たか、聞いた話なのであろう。禅の徹夜修行で、眠気覚ましに茶を飲んだというのである。茶がカフェインを多く含んでおり、眠気を覚ます効力をもつことはいまでは常識である。徹夜修行をきっかけに茶を飲む習慣が広がったとすればいかにもありそうな話である。そうして茶店ができ、仏門とは関係なく誰でもお金を払えば飲むことができるようになった。著者の封演は「いまの人」が茶に「溺れている」と書いており、流行に流される人々の現状を嘆いているかの如くである。このように茶を飲むことが風習になって急速に広がったのだが、その背景にはもう少し事情があったと思われる。たとえば大陸特有の乾燥性気候でのどを潤すため、漢方薬の発想で健康のため、などである。けれども、いまのところ何が強力に後押ししたのか定かではない。

ところで茶の流行が広がれば、当然その生産量、流通量が増える。そうなると国家はこれを利用して税をかけようと考える。いつの時代にも統治者が考えることは同じである。はじめて茶税が徴収されたのは、茶が隆盛を極めた建中年間の次の年号、貞元九(七九三)年のことであった。これは一〇〇年に満たない期間で茶の飲用と流通が全国を席巻したことを示している。その勢いは止まるところを知らず周辺諸民族にも輸出され、定着していった。

三——茶葉の生産

ここまでの史料で茶の飲用が八世紀中に急速に普及したことはわかった。ではその生産はどうなっていたのだろうか。晋代（三世紀後半〜五世紀初め）の『神異記』という史料には次のような記事があった。

余姚（よよう）（現浙江省）の人、虞茫（ぐぼう）が山に入って茶を採集していたとき、一人の道士に出会った。……彼がいった。「私は丹丘子（たんきゅうし）（＝仙人の名）である。あなたがうまい茶を飲用しているというのを聞き、いつも飲ませてほしいと思っていた。山中に大きな茶の樹があるので、そこから葉を摘んでもよい。いつかあなたが飲んだ茶と酒の余りを残していってほしい」と。そこで彼は茶の祠（ほこら）を立てた。それ以後、いつも誰かと一緒に山に入り、大茶樹の葉を摘んだ。

（『太平広記』巻四一二「獲神茗」）

この記事は茶が注目されるようになる以前の時期の言い伝えである。江南では野生の茶の木から葉を摘んで飲んでいたことがわかる。晋代の同じような話がもうひとつある。

晋の孝武帝の時代(三七二〜三九六年)、宣城(現安徽省)の人秦精はいつも武昌山に入って茶葉を摘んでいた。あるとき突然、身長が一丈あまりで、身体中毛だらけの人に遭遇した。……その人は秦の臂を引いて山の隅に行き、茶の木が群生しているところに入り、彼を離して去った。秦はそこで茶を摘み、……背負って家に帰った。

(『藝文類聚』巻八二、『太平御覧』巻四八など所引『捜神後記』)

これも茶葉をめぐる不思議な話である。両話の主人公は山で仙人や毛むくじゃらの人に会い、野生の茶の生育地に案内されて、葉を摘んで帰ったという。このように茶葉は江南の山に生えている野生のものしかなく、それを採集して飲んでいた。これらの不思議な話が語るところによれば、茶の木の生育地は限られており、茶葉の採集には苦労していたようである。だから茶は貴重品だった。だが唐代に茶の飲用が流行するに及んで、当然のことながら野生の葉の採集ではその需要をまかないきれなくなる。どこかの山村などで栽培が始まったはずである。けれどもその事情を記した史料はみつからない。ただ関連しそうな記事に次のようなものがあった。

唐の天宝年間(七四二〜七五六年)に劉清真という人がいた。その配下二〇人余りと寿州(現安徽省)で茶を作った。一人が馬一頭ずつの荷物を挽いて陳留(現河南省)に着いたところで盗賊に伏して考えますに、江淮地域はこの数年来、水害・干害・疫病によって重大なる損害を被り、悲惨な思いがまだ収まっていません。この夏から秋にかけては比較的豊作ですので、必ずやお上の恵みを垂れ、人びとが平穏に生活できるようにすべきです。ところがさきごろ唐突に、王涯から権茶法の議論が出されましたが、まことに悪しき政策であります。……あろうことか、民に茶の木を移植させて、国家の管理区域で栽培させ、その茶葉を摘んで製品化させるという、児戯に等しく、人情からかけ離れた政策でした。このときは王涯が寵愛されて権力を振るっていたために、あえて反対論を出す者はいませんでした。官僚たちは顔を見合

遭遇した。……

（『太平広記』巻二四「劉清真」、『広異記』より）

この「茶を作った」と訳した箇所がどういう意味かわかりにくい。その原文は「作茶」で、茶を栽培したともとれるし、あるいは寿州で茶葉を集め、荷駄隊を編成したとも解釈できる。いずれにしろ茶の流行とほぼ同時期である。寿州は野生・栽培の茶葉の集散地の一つだったのだろう。

その後、貞元九（七九三）年に茶に税をかけるようになったことは前に触れた。この課税法をさらに一歩進めた議論が大和九（八三五）年一〇月に提出された。王涯の権茶法であるが、すぐさま反対論が広がり一二月には撤回された。その詳細は残されていないものの、批判された内容の一部は令狐楚という官僚の議論のなかに残っている。

わせて色を失い、道行く人々は目配せしあって声を呑んでいました。……

（『旧唐書』巻四九食貨志）

ここにいわれている「榷茶法」とは国家が茶葉の利益を独占しようとする政策であった。民間で栽培していた茶の木を移植して政府の管轄下に置き、それを栽培して茶葉を摘み、加工して販売するというものだ。だが、茶の木の移植・栽培から茶葉の販売までを囲い込むという、あまりにも荒唐無稽で、非現実的な政策であった。それはともかくこの議論から当時の茶の栽培状況が浮かび上がってくる。おそらくこのときの茶の木は野生ではなく、茶園で栽培されていたのであろう。だからそれを移植するという議論が出されたのである。江南の各地には茶園が造られ、茶の需要に応えていたと思われる。そうした茶園のありさまは次の記事で確かめられる。

一つは陸亀蒙の「甫里（ほり）先生伝」（終章で詳述する）という、自身の半生記がある。そこには彼がもっていた農地についての記録があり、その茶園について次のように書いている。

甫里先生は茶をたしなみ、顧渚山（こしょ）（現湖州長興県）のふもとに茶園を置いていた。毎年、茶園の小作料十許薄（？）が手に入り、これを茶と酒代としていた。みずから茶葉の等級を決めるなど、一篇の書を著し、『茶経』『茶訣』を継ぐものとした。

（『笠澤叢書』甲）

これは陸氏個人が所有し、小作に任せていた小規模な茶園であった。原文の「十許薄」という、茶園からの収入も書かれているが、「薄」の意味が取れない。「許」は「ばかり、ぐらい」の意であるから「十薄ばかり」の小作料という意味であろう。おそらく摘んだ茶葉、あるいは加工した茶葉の入れ物を「薄」と称していたと思われる。このように知識人などが所有し、趣味のような茶の栽培をしていたところは他にもあったのであろう。他方、大規模な茶園経営の記事もある。

……はじめ彭州九隴県(現四川省)の人、張守珪は仙君山に茶園をもっており、毎年、茶摘みの労働者一〇〇人余りを雇っていた。男女の雇用人が茶園中に雑居していたなかに、一人の少年がいた。自分から、親族はおらず、茶摘みの賃労働をしているという。彼はたいへんまじめで賢かった。守珪は彼を憐れに思い、自分の義理の息子とした。……

(『太平広記』巻三七「陽平謫仙」、『仙伝拾遺』より)

この記事は五代十国の前蜀・杜光庭著『仙伝拾遺』という聞き書き集から引用したものである。話の主題は仙人にまつわるものではあるが、その背景として書かれているのは当時の社会である。前蜀は九〇七~九二五年に四川地域を支配していた王朝だから、この時期の四川には毎年一〇〇人以上の茶摘み人を雇うような大規模な茶園ができていたことがうかがえるのである。

以上のように一〇世紀初期までに大小の茶園があったことはわかった。だが茶の飲用が流行し始めた時期の事情はまだ定かにはなっていない。ただこのあたりを知るための史料がもう少しあるので、そちらに眼を向けよう。茶の栽培技術にかかわる史料である。いよいよ農業史の本領を発揮しなければならない。

四——茶の木の栽培法

◈『四時纂要』の記事

農書で茶の記事が現れるのは唐末・五代の人、韓鄂（かんがく）の著書『四時纂要（しじさんよう）』からで、『斉民要術（せいみんようじゅつ）』には出ていない。「茶は南方の嘉木なり」（陸羽『茶経』）といわれるように茶は長江・淮水以南の植物なので、北魏ではまだ視野に入っていなかった。この『四時纂要』は一年間の農業関係の仕事を月ごとにまとめたもので、『斉民要術』からの引用が多いが、唐末・五代時期の記事も含んでいる。北宋初期に、政府が農業を奨励するためにこの二つの農書を復刻し、国中に頒布したが、その後散逸したとみられていた。ところが『四時纂要』は、一九六〇年に日本の古書店で朝鮮版が発見される。ここで発見された版本は、守屋美都雄氏の「解題」によれば、一五九〇年に朝鮮で復刻されたもので、北宋の原本に若干の加筆がおこなわれたものであったという。さらにその五〇年余り後、二〇一七年までに韓国で二種類の本——版本と写本が発見され、版本は先の版本よりも古いものであった（一四〇三〜二〇年刊）。この版本の標点本と韓国語訳が崔徳卿氏によって出版されており、現在も研究が進められている。『四時纂要』は農業史上の貴重な史料ではあるが、これを使って研究する場合、両版本のテキストを検討し、文字の異同を確かめるなど、慎重に扱う必要がある。

ともあれその巻之二、二月「種茶」および「収茶子」の項に茶の木の栽培法が記されていた。渡部武氏の訳注を参照しながら現代語に訳すと以下のようになる。

○茶を栽培する　二月中に樹木の下あるいは北側の土地に、直径三尺、深さ一尺の円い穴をあけ、よく耕し、糞（こやし）を入れて土とまぜる。穴ごとに①六、七〇粒の種子を播き、土を厚さ一寸強かぶせる。雑草は生えるのに任せ、除草してはいけない。二尺間隔に一株栽培する。日照りであれば米のとぎ汁をかける。この植物は日光を嫌うので、桑の下や竹林の陰に栽培するとよい。二年以上経ったらはじめて除草し、小便・水で薄めた糞と蚕の糞を施して育てるが、施肥しすぎてはいけない。②根や若葉〔が損なわれるの〕を恐れるからである。〔栽培地は〕だいたい山中の傾斜地がよいが、もし平地〔で栽培する〕なら③茶を植えたうねの両側に深く溝を掘り、水はけをよくしなければならない。水に浸かると根は必ず死んでしまうからである。三年後には株ごとに八両の茶葉の収穫がある。一畝あたり合計二四〇株であるから、しめて茶葉一二〇斤の収穫がある。茶の木がまだ枝を張っていないころは四方の妨げにならないので〔周囲に〕雄麻（おあさ）・モチキビ・ウルチキビなどを栽培する。

○茶の実を採取する　実が熟したら採取し、湿った砂土に混ぜ、これを竹籠に入れて藁で覆っておく。そうしないとすぐに凍ってしまい発芽しない。二月になったら取り出して播く。

このように懇切ていねいな茶の木の栽培技術が記されていた。栽培地の選択法、土の耕し方、播種法、施肥法など、一般の作物に引けを取らないレベルの技術だったことがわかる。また土地利用の方法と葉の収穫量まで計算されていた。ちなみに茶の木の植え方について解説しておくと次のようになっていた。植える穴は直径三尺(約九〇センチ)でその間隔は二尺(約六〇センチ)である。これは当時の面積の単位である歩・畝と関係がある。一歩は五尺(約一五〇センチ)四方で、二四〇歩で一畝となる。したがって茶の木の植え穴は一歩に一つずつとなり、一畝では二四〇株を植えることになる。また一斤(約六〇〇グラム)は一六両なので、一株から八両の葉が採れるとすれば二株で一斤となり、二四〇株では一二〇斤(約七二キロ)採れる計算になる。これは相当な収量である。

ともあれこの技術はかなり高度なものといえよう。『斉民要術』には何の記事もなかったのだから、こうした技術は南朝か隋唐の統一以後に一挙に開発されたものとみられる。ただこの記事で理解できないところもある。①〜③の傍線をつけた三か所である。

①一つの穴に「六、七〇粒の種子を播き」「二尺間隔に一株栽培する」という箇所。ここでは六〇〜七〇粒の種子で一株とするが、種子の数が多すぎるのではないのだろうか。発芽率はわからないものの、直径三尺＝一メートル弱の穴に何本の茶が発芽するのだろう。またそれらをまとめて栽培しておくものなのだろうか。ここにはテキストの問題——誤字・脱字が

あるのかもしれない。ちなみにネット情報を探すと、現在の茶樹の繁殖法は挿し木が一般的で実生（みしょう）法の記事はなかった。

②「根や若葉〔が損なわれるの〕を恐れるからである」と訳した箇所。この原文は「恐根嫩故也」で、「嫩」は「若い」「若葉」といった意味である。あえて訓読すれば「根ト嫩（わかば）ヲ恐ルルガ故ナリ」あるいは「根ノ嫩（わか）キヲ恐ルルガ故ナリ」となる。だがこれでは文意が通らない。ここはとりあえず意味を補足して訳している。

③「うねの両側に深く溝を掘り、水はけをよくしなければならない」と訳した箇所。この原文は「即須於兩畔深開溝壠洩水」である。この「畔」は「田畑のあぜ」「岸」「かたわら」といった意味で、直訳すれば「二つのうね」「両岸」である。少し無理があるが、これを茶の木のうねの両側と解釈した。また「壠」は「田畑のうね」「丘」という意味で、原文の「深開溝壠」は「深ク溝・壠ヲ開ク」と訓読するしかない。けれども「深ク……開ク」対象として「壠」はおかしい。衍（えん）字（誤ってはいった文字）か誤字が疑われる。

このように記事全体としては不自然な個所がある文章なのだ。解釈に無理があると感じつつも、このテキストを校訂するための史料はみつからなかった。やむなく、散逸した史料が出てきただけでもありがたいと、納得することにしていた。だがその後、新しい史料を発見した！

◈『山居録』の発見と活用

しばらくの後、この記事とほぼ同文の一つの史料に出会った。元から明代の初めにできたとみられる日用百科全書『居家必用事類全書』である。これはいわゆる百科全書で、いくつかの分野ごとに、関連する各種史料を集めて編纂した便利な本である。その農桑類つまり広い意味での農業分野のなかの「種芸類」（作物の栽培法）に「唐太和先生王旻山居録」という本がほぼ全文引用されていた。ただ『山居録』という書名はどの書目類にも残されていなかった。王旻の著書としては『山居要術』が知られているだけで、『山居録』との関係は不明である。この点は後に検討するとして、その竹木類の末尾に『四時纂要』と同じく「種茶」「収茶子法」という項目があった。それを詳しく読んでみると、内容に若干の文字の異同はあるものの、基本的に『四時纂要』とほぼ同じ記事であった。これこそ前掲の記事を校訂するための史料となり得るだろうと、勇んで校訂に取り組んだのであった。すると予想通り前掲の三か所は次のような文句になっていた。『四時纂要』『山居録』の原文と後者の訓読をあげてみる。

①『四時纂要』：毎坑種六七十顆子、……相去二尺種一方、
『山居録』：毎方下五六十顆子、……相去二尺種一方、
訓読：方毎ニ五、六十顆子ヲ下シ、……相ヒ去ルコト二尺ニ一方ヲ種ウ。

②『四時纂要』：恐根嫩故也、

『山居録』：爲根尚嫩、恐傷根也、

訓読：根ノ尚ホ嫩キガ爲ニ、根ヲ傷ツクルヲ恐ルルナリ。

③『四時纂要』：即須於兩畔深開溝壠洩水、

『山居録』：即須當深掘溝畎、水深爲溝壠洩水、

訓読：即チ須ク當ニ深ク溝畎ヲ掘リ、水深ケレバ溝・壠ヲ爲リテ水ヲ洩スベシ。

これを解説してみよう。①では「坑」「方」はともに穴の意味であるから、文意は同じである。ただ「六、七十」と「五、六十」の違いのみで、文意に大差はない。次に②と③は大きな違いがある。まず②は文字数が増えており、順番が入れ替わり、また『四時纂要』に抜けている文字もあった。これを訳せば「根がまだ若いので、根を傷つけるのを恐れるのである」となる。文章はすっきり整う。同様に③もかなり異なっているが、文字を補って訳せば、畎は溝の意味なので「必ず深く溝を掘るべきで、水が多いようであれば溝とうねを造って排水すべきである」となる。ここでも文意は通り、わかりやすい文章になった。前掲の訳文はこのように訂正せねばならない。

この他にも多少の文字の異同があるけれども『山居録』の方がわかりやすいし、文意も通っている。ということはこちらが元来のテキストに近いと考えられ、『四時纂要』はこの『山居録』の記事を引用したとみられる。とすると当然、『四時纂要』の記事が成立する前に『山居録』の記事がで

きていたことになり、唐代に『山居録』という謎の本があったことになる。これらの関係をどう考えればよいのだろうか。

私の解釈は、まず『山居録』とは唐代の『山居要術』の記事を継承、改訂して元代までに成立していた本であり、「唐太和先生王旻山居録」つまり唐の王旻先生著の『山居録』という書名になっていた。それを『居家必用事類全書』が引用したと考える。次に、『四時纂要』も『山居要術』を引用していた。これは別の項目の記事で『山居要術』を引用した旨が書かれており、茶の記事でも同じように引用したと考えることができる。つまり元・明代までに成立した『山居録』は唐代の『山居要術』の原形を多分に残しており、一方『四時纂要』も『山居要術』を継承していたのだ。ただし『山居録』の方が『山居要術』を忠実に継承しており、『四時纂要』の継承は杜撰だったか、あるいは別の写本などを継承していたとみられる。この点は、『山居録』の、ある項目の注に「別本云」とあり、『山居要術』か『山居録』に別の版本・写本があったことがわかっている。こう考えると、ここは『山居録』の引用の方が『四時纂要』の引用よりも信頼できる文章だと判断できる。

このように、散逸したとみられていた『山居要術』はかなりの部分が『山居録』に継承されていた。また『山居要術』は唐代中期、八世紀に成立したとされてきたが、それが代宗時代以前（七七九年以前）であったことの裏付けもとれている。唐代中期までに書かれた農書『山居要術』の姿が、不完全ながらも浮かび上がってきたのである。

ちょっとややこしい話になったが、以上のようにみてくると、唐代、八世紀半ばには前述の茶の木の栽培技術ができあがっていたと推測できる。その先駆となる栽培技術の史料がみつかっていないにもかかわらず、あの高度な技術が突然登場したのである。これは驚異というほかない。それは茶の飲用の流行とほぼ同時期であるが、論理的に考えれば茶の流行に刺激されてできあがった栽培技術なのであろう。

ただしこの技術の性格については注意しておかねばならない点がある。少し考えてみよう。

まず『山居録』第一条「山居総論」に、本書の性格を示す次のような記述がある。

> およそ〔耕地の〕所在地は地勢を選ぶべきで、後方が高く前方は平坦で、東向きに流れる水があるところが最上である。そうでなければ四方が平坦なのがよい。土壌の種類はかならず黄色で粒子が細かく、砂質で軟らかいものがよい。これは薬用植物の根を成長させるためである。その土地の面積は多ければ二〇畝、少なくとも一〇畝以上とする。……その中に薬堂と〔薬材を〕陰干しにする場所を設ける。……その土地の形態は所有者の工夫に委ねるが、一つの池〔を掘って〕数種の薬材が得られるようにする。土地の広さは必要に応じて決め、必ずしも二〇畝でなくともよい。

この記事を読めばすぐ気がつくように、この「山居」では薬用植物の栽培を目的としていた。全体の面積もかなり狭い。均田制の給田面積の規準は夫婦で一頃、つまり一〇〇畝と規定されているから、ここの五倍以上の広さである。したがって二〇畝とは当時の小農民が自立して経営できる面積ではない。けれども漢方薬の材料となる植物を栽培する農園であれば十分に経営を維持することが可能であった。薬材となる植物は、経営者が細心の注意を払って、高価な商品となるように育てるのだ。いわゆる集約的栽培あるいは園芸的栽培の極致なのであろう。

こうした環境で茶の木の栽培技術が成立したのだとすれば、現代の農事試験場で開発された技術のようなもので、当時の最高峰だったに違いない。けれども一般の茶の木栽培農家が実践していた技術ではなかったはずだ。もちろん茶の流行が持続し、需要が引き続き増大するにつれて、この技術も広がったし、さらに改良されたであろう。爆発的な茶の流行に後押しされるように、茶の木の栽培技術は急速に発達していったものと思われる。

おわりに

「日常茶飯事」は日本でできた言葉であるが、その実態は唐代中期、八世紀に出現していた。このとき爆発的に普及した、茶を飲用する風習の表現であった。江南地方の飲みものであった茶は、一〇〇年たらずの間に、野生の茶葉の採集から茶園での栽培に変わり、高度な栽培技術が開発され、喫茶の風は民間に欠かせない習慣となった。茶葉はいうまでもなく商品作物であり、その流行とは、言い換えれば民間の需要によって引き起こされた物流の発展である。これが唐代中期に起こったという事実はなかなか興味深い。ここまで本書でみてきたようにコムギ粉食品の流行は唐代はじめからであったし、江南の稲作が発展し始めたのは唐代後半期である。さらにこれから取り上げる桑の栽培技術、養蚕も唐代後半期以後に発展している。このような農業生産の多様化と茶という商品作物の栽培および流通がなぜか唐代から始まっていた。こうした動きを引き起こした要因と歴史上に及ぼした影響については今後さらに研究を進めねばならない。本章の検討課題は茶葉の生産と流通という基礎的な課題であった。茶葉自体は軽いものだが、歴史的には重い意味をもつ作物であり、ここではその出発点を確認しただけなのである。

【参考文献】

守屋美都雄解題『影印本　四時纂要』山本書店、一九六一年
崔徳卿『四時纂要譯註』（ハングル版）セチャン出版社、二〇一七年
渡部武『「四時纂要」訳注稿』安田学園、一九八二年
大澤正昭『中国農書・農業史研究』汲古書院、二〇二四年

六章

唐の都・長安の畑から——カブラ類略史

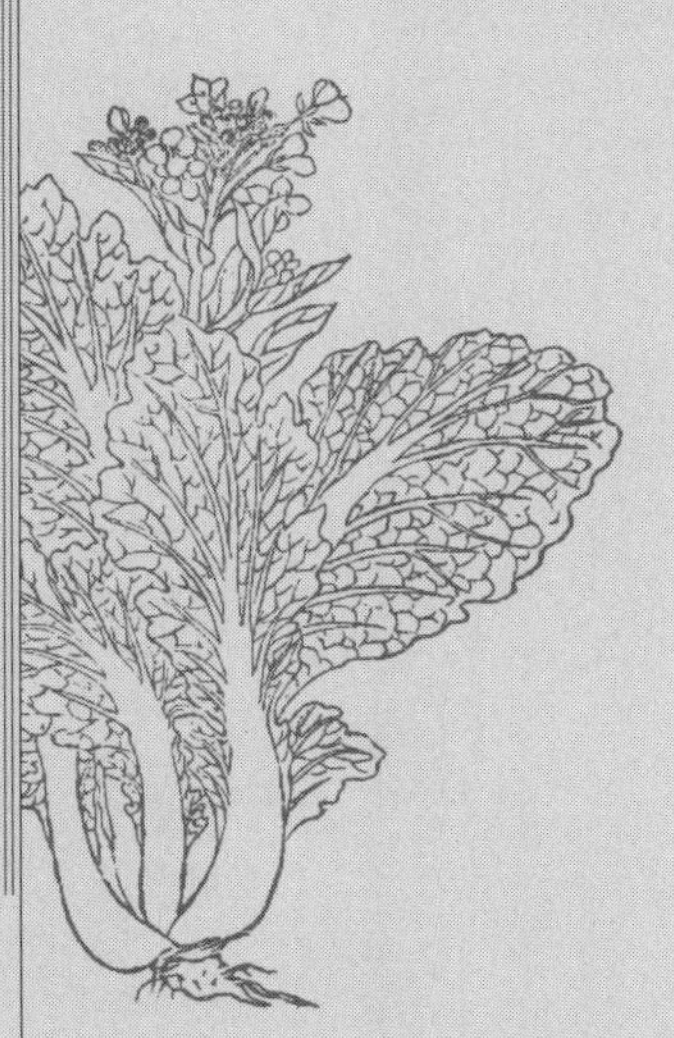

はじめに

このところのコマーシャルをみていると、「女性にうれしい」とか、「一日に三五〇グラム必要」といった前置きとともに野菜が押し出されている。それはそれで間違いではないのだが、扱い方があまりにも大雑把すぎる気がする。それこそ〈十把一絡げ（ひとからげ）〉に野菜、野菜と叫んでほしくはない。野菜にもいろいろな苦労、ではないが、歴史がある。いまの野菜に改良してきた農家の努力と工夫も重要だ。またいま食べている野菜の発祥の地は世界中さまざまで、私たちは世界の先人たちの恩恵を受けている。それをありがたがれと押し付ける気などないけれども、身近な野菜だからこそ、少しでもその歩んできた道を知りたいと思うのだ。

そもそも人間の食生活で必須の食品は何だろうか。炭水化物、タンパク質、脂質などと、誰でも数え上げることができるし、どれひとつでも欠乏すると健康に生きることが困難になる。また身近でありながら欠乏すると病気になる食物がある。塩はよく知られているが、もう一つある。ビタミンCを含む野菜・果物類である。大航海時代、長期間新鮮な野菜や果物を食べられなかった船乗りが病気に罹った。壊血病であった。歯茎などから出血し、骨折しやすくなるのだという。

私たちはこうした必須の食品である野菜・果物類を無意識のうちに食べてきた。農村はもちろんだが、大都市であってもその周辺には必ず農村があり、野菜・果物類を出荷して市民の生活を支えていた。いわゆる近郊農業である。身近なところでは、江戸や京都では周辺の農民が野菜を育て、町なかに売りに出していた。小松菜・練馬大根・聖護院カブラ・九条ネギ・加茂ナスなど、産地の地名とともに見直されている江戸野菜や京野菜である。こうした事情は中国でも変わりはない。たとえば唐の長安は巨大な計画都市であったが、野菜・果物類の生産は周辺のみならず、長安の城郭内部でもおこなわれていた。また食糧の消費によって発生する、都市住民の排泄物は農村に運ばれ、肥料として野菜の栽培に利用された。こうして都市と農村の間の自然な循環構造ができあがっていた。

この循環構造は必要に応じて少しずつ作り上げられた関係であるため、人々の意識にのぼりにくく、記録されることは少なかった。身のまわりにふつうに存在する構造は記録に残され難いのである。そのため断片的な記事しか残っていない。本章ではこうした数少ない史料から、野菜・果物類の生産にかかわる問題のひとつ、近郊農業を考えたい。それによってこの問題がいかに重要であったかが理解できるようになるし、私たちの農業史像が主穀類に偏っていた事実を顧みることもできる。これまであまり注目されてこなかった野菜生産の現実に取り組みたいと思う。

一——長安の野菜事情

唐代（六一八〜九〇七年）の巨大計画都市・長安は、高校の世界史で必ず触れられており、その格子状の地図とともに記憶に刻まれている方も多いだろう。これだけをみていると、この格子状の区画には王宮・官庁や高級住宅はもちろん、無数の民家が立ち並び、大勢の都市民が生活していたと思われるに違いない。しかしそれは虚像であった。実像については妹尾達彦氏が実に詳細な研究を発表しているので参照していただきたい（「唐長安城の官人居住地」など）。

ここで史料が語っている一例をあげれば次のようなものがある。これは『長安志』という史料の一部で、〇〇坊（あるいは里）とよばれる長安城内の区画ごとにどんな建物・施設などがあったのかを解説していた。たとえばここで取り上げる問題に関連して、中心線をなす朱雀街の東側第一街に九つの坊があった。その北から六、七番目の坊の説明をあげる。

その南は蘭陵坊である。

（中略）

その南は開明坊である。
朱雀門より南、第六横街以南にはおおむね居住者の住宅はなかった(原注：興善寺より南の四坊は、東西が城壁に至るまで、住んでいる者はいたが、たがいに離れていた。農地として作物が栽培されており、縦・横のあぜ道が連なっていた)。
(宋敏求著『長安志』巻七)

この記事の著者、宋敏求は北宋時代の人で、長安について研究した成果がこの本である。出版されたのは一一世紀後半。長安研究の基本史料とされているが、誤りも指摘されている。清代の徐松著『唐両京城坊攷』では、開明坊ではなく蘭陵坊の条に「大菜園」と記されている。ここは訂正すべき箇所であろう。この本の訳注の著者、愛宕元氏は「長安外郭城復元図」(〔参考地図〕参照)を掲げ、坊名などを書き込んでいる。その中央が朱雀街で、これに注目して視線を南へ下してゆくと東側に蘭陵坊がある(網かけ部分)。愛宕氏はこれ以南の四坊とその東西に並ぶ諸坊には畑地が至る所に広がっていたと解説している。その理由は、城郭の規模が大きすぎて、人家が埋まらなかったためという。つまり長安の南部三分の一ほどは、坊の区画があるものの人家は稀で、広い畑地になっていた。それは見方を変えれば、消費地に密着した、絶好の近郊農業地帯であった。

この蘭陵坊にあった大菜園が登場する話がある。

唐の大暦年間（七六六〜七七九年）のこと、尚書省工部の水部司（＝水利工事など担当する官庁）に王員外郎（＝次官）という人がいた。神仙の術を好み、官僚ではあったけれども、仙薬（＝仙人になるための食餌）に通じた平民たちと日々交流していた。ある日、そういう連中と役所で談笑していたところ、ちょうど厠の汲み取り人の裴老が仕事道具をもってやってきた。……しばらくして裴老の仕事が終わり、王次官が厠に行こうとしたとき、戸の外で裴老に出会った。彼は衣服を整えており、いいたいことがあるようだった。「員外郎様はたいへん神仙の術を好んでおられるようですが」と思いがけないことをいった。……（裴老の不思議な術をみせられ、弟子にしてほしいと申し出た王次官に）裴老は「よろしい。蘭陵西坊の大菜園の後方（の家）を尋ねなさい」といって別れた。……

（『雲笈七籤』巻一一三上「王水部」と『太平広記』巻四二「裴老」から再構成）

この話は神仙の道を説く道術の士・裴老が主題であるが、その背景に長安の蘭陵坊にあった大菜園が登場していた。そうしてここの関係者であろう裴老が厠の汲み取りをしていたのであるから、人糞を肥料として野菜を栽培していたのである。このような汲み取り人が描かれた話は珍しいのだが、もう一つあるので紹介する。

長安の富民である羅会は人糞の汲み取りを生業としていた。街なかでは彼を「雞肆」（＝鶏屋）とよんでいた。その意味するところは、（羅会も鶏も）糞をほじくって生きている、といったと

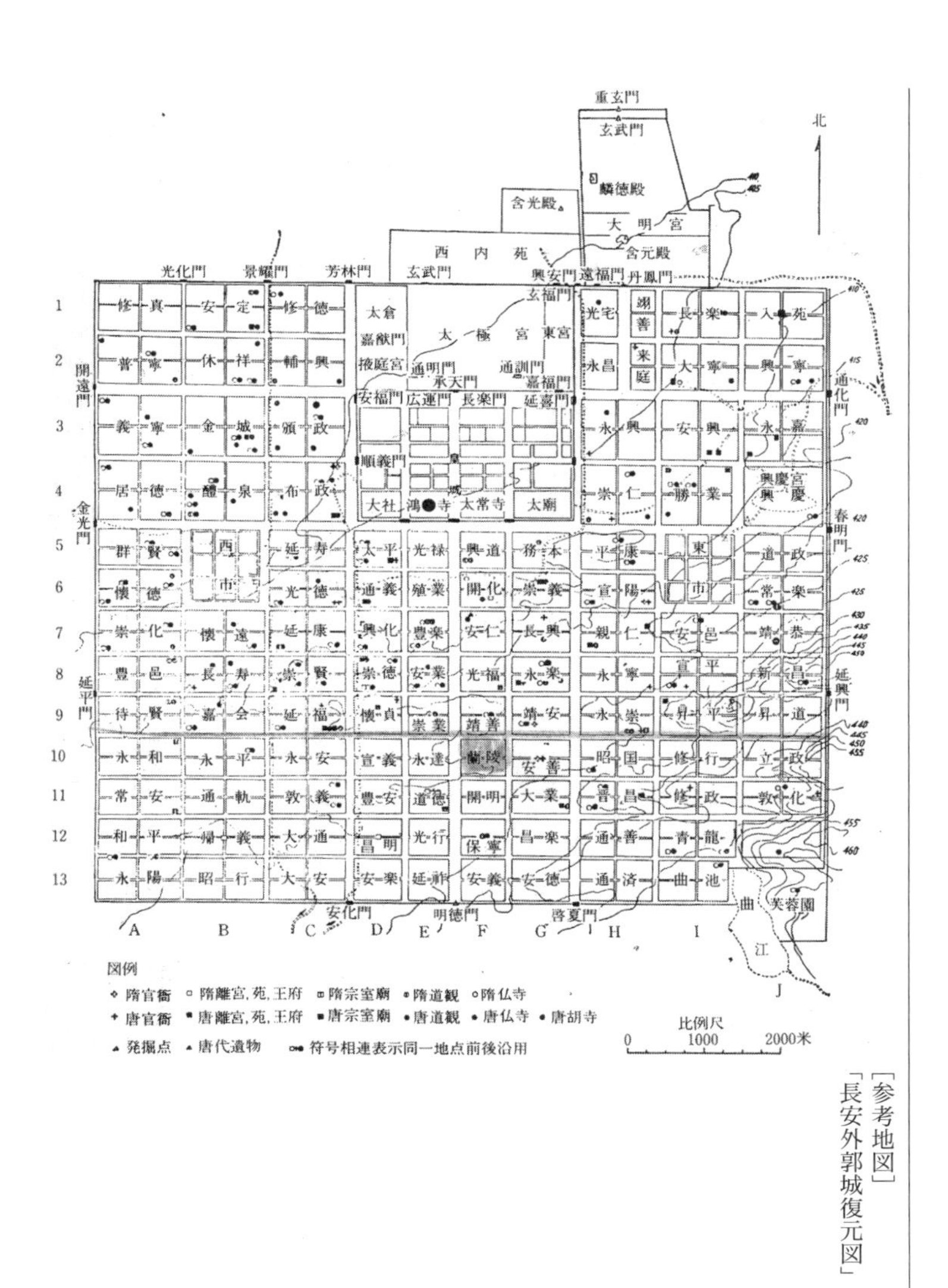

［参考地図］「長安外郭城復元図」

ころである。羅会は代々その仕事に従事し巨万の家財を築いていた。

（『太平広記』巻二四三「羅会」、『朝野僉載』より）

この話に菜園は出てこないけれども、羅会は裴老と同じように人糞を汲み取って、巨万の富を築いていた。彼は人糞の収集料のほかに、人糞を菜園の肥料として売ることでも、収益を上げていたのであろう。それによって羅会は富民になった。これは小説史料ならではの現実的な話題である。

これより時代は下るが、人糞と野菜栽培の関係は笑い話にもなっていた。宋・元の成立とみられる張致和著『笑苑千金』という笑話集に「事園為業」（和訳：往来の便所）と題する話がある。すぐれた和訳があるのでそれによって紹介しよう（荘司格一氏ほか訳『中国の笑話』）。

むかし、二人の夫婦もの、家がまずしく、野菜を売ってくらしをたてていた。路のかたわらに便所をほり、通る人にしてもらい、その糞尿（こやし）で野菜をそだて、生活していた。／ある人、そのわりにゆたかな様子をみて、／「野菜を売るっていうのは、こんなにもうけがあるのかね」／その人は立ち去ると、路ばたに便所をほり、瓦ぶきの白壁にして、きちんとととのえた。人びとはお宮さまといって、ていねいにおじぎをして通りすぎる。／その人、いってみると、中はちっともはやっていない。ふしぎに思い、用をたしてもらうようにたのむと、……

オチまで書いている余裕がないので、興味のある方はどうぞ原本の方をお読みください。ともあれここで注目したいのは野菜栽培と人糞の結びつきである。何とかして人糞を調達し、それを野菜の肥料にすれば相応のもうけになったのだ。唐代長安の近郊農業の秘訣は、宋元代にはかなり知れわたっていた。

こうして長安城内に大規模な野菜畑があった背景が確かめられる。ではこの畑で何を栽培していたのであろうか。残念ながらそこまでの史料は見つからないものの、ヒントになる記事はみつけた。大和七（八三三）年に皇帝が皇太子を定めたときに下した恩赦の詔勅の一部である。

……司農寺（＝貯蔵食糧の管理などを掌る官庁）が宮廷や諸官庁の厨房に供給する冬蔵菜はすべて司農寺自ら調達している。野菜の代金は京兆府（けいちょう）（＝首都を管理する官庁）にゆだねて毎年の時価によって支払わせている。……

（『冊府元亀』巻九〇帝王部・赦宥など）

ここには冬蔵菜つまり冬期の貯蔵用野菜の買い入れについて書かれている。宮廷や諸官庁の人員に提供する食事用の野菜であるが、青物のなくなる冬季は干物・漬物などとして貯蔵しておく必要があった。その代金は京兆府が支払うというのであるから、近郊農業によって栽培された野菜を買い入れていたのである。ちなみにこの冬蔵菜（あるいは冬菜ともいう）の調達はかなり重要な任務とみなされていたようで、司農寺の長官だった李模が報告不行き届きで免官された事件が起きていた。その経過は次のようなものである。原文は話の順序が入り組んでわかりにくいので整理して訳す。

貞元七（七九一）年一〇月、司農卿李模が免官された。そもそも司農寺が宮城に供給すべき冬菜は車三〇〇〇台分であった。李模は司農寺の野菜が不足しているので京兆府で買い上げてほしいと上奏していた。実は野菜不足には二つの理由があった。会計担当の度支司（たくし）が支払う輸送料が安いこと、さらに時ならぬ雨のため野菜の多くが腐ってしまったことである。皇帝はその理由を先に報告しなかったことを責めて免官とした。

（『冊府元亀』巻五八帝王部・勤政などから再構成）

ここには宮城内だけで車両三〇〇〇台分（二〇〇〇とする史料もある）の野菜が必要だったという。一台分の量は不明であるが、前掲史料の諸官庁の分も含めれば相当な供給量になるはずである。毎年の冬前に、長安近郊から膨大な量の野菜が集められていた。近郊農業の有利さや農家の収益の大きさがうかがわれる。

ちなみに、長安の野菜の生産について別の史料もある。宮城内に御苑があり、西内苑・東内苑・禁苑の三苑と称されていた。皇帝などが遊ぶ庭園が主要設備であるが、その一部では野菜や果物を栽培し、宮城内の需要に応じていた。そうして、あるときその余りを売り出して利益を上げてはどうかという議論がなされた。

則天武后の時代（『新唐書』は「垂拱年間〈六八五～六八八年〉の初め」とする）、……尚方監（＝宮城・官庁内の手工業を管理する官庁）の裴匪躬が都の諸苑を調査し、果物・野菜を売って、利益を上げようとした。蘇良嗣が批判していった。「……皇帝が果物・野菜を売って、下々の民と利益を争うなど前代未聞である」と。匪躬はとり下げた。（『旧唐書』巻七五、『新唐書』巻一〇三蘇良嗣伝）

このように長安城内それも宮城内で野菜・果物栽培がおこなわれていたことが理解できる。内部消費用であろうが、野菜・果物の生産は長安城内・外や周辺を問わず、どこでも同じように盛んだった。諸苑の生産物を売りに出せば宮廷費がいくらか浮いたのであろうか。さらに唐代の初め、裴明礼は蓄財がうまく、高級官僚になった。彼の蓄財をめぐるエピソードは次のようなものであった。

唐の裴明礼は河東（現在の山西省）の人で蓄財がうまかった。世間の廃棄物を集めて貯え、これを売って巨万の家産を得た。また長安の金光門外に、瓦礫ばかりの不毛の地で、価格の安いところを買った。……そこに牧羊業者を住まわせ、羊の糞が溜まったころ合いをみて、牛に犂を挽かせて耕し、あらかじめ集めておいた果物の種子を播かせた。一年余りで果樹が繁り、車を連ねて果実を売りに出し、巨万の収入を得た。そこで邸宅を修理し、建物のまわりに蜂の巣箱を置いて蜂蜜を採ろうとした。広く冬葵（ふゆあおい）（＝タチアオイ、古くから野菜とされていた）やさまざまな果樹を栽培した。蜂はすぐに花の蜜を集められるので、蜜は豊富に採れた。……貞観年間（六二七～六四九年）には……出世して太常卿（＝皇帝祭祀の事務を掌る官庁の長官）になった。

（『太平広記』巻二四三「裴明礼」、『御史台記』より）

この金光門は長安城の城壁西辺にある門で（前掲「長安外郭城復元図」参照）、裴明礼はその外側の荒地を開拓して果樹園とし、さらに野菜も植えて養蜂をおこなったという。近郊農業の果樹・野菜栽培と養蜂で巨万の富を得たのである。

以上のように長安の近郊農業は大いに栄えていた。こうした立地条件が野菜・果樹栽培に有利なことは地方の都市であろうとも変わりはない。都市近郊の農民は野菜・果樹を商品作物として栽培し、生計を立てていた。つまりアワ・ムギ・イネなどの穀類を栽培する農家でなくとも自立した経営は可能であった。この点は中国農業の一つの特徴である。ともあれ野菜の栽培についてもう少し深く考えてみよう。

二――カブラは近郊農業で

近郊農業で栽培される野菜は何かと考えるとき、北魏の『斉民要術』の記事が参考になる。そこであげられていた近郊農業用の作物は次の三種である（ともに巻三）。

葵（アオイ）を冬に播く別法。州・郡といった都会の近くで、市場の立つところでは、郊外の良田三〇畝に……。

蔓菁・蕪菁（カブラ）の大量栽培法。町近くの良田一頃に……

胡荽（コリアンダー、パクチー）の播種法。都会近くの畑なら一畝に種子二升を播く。……

記事から考えるとこの三種がとくに近郊農業に適していたのであろう。なかでもさきに少し触れた冬蔵菜・冬菜は唐代の作物の重要なものであった。この品種名は書かれていなかったが、実はこれを考えるヒントがこの蔓（蕪）菁の記事にあった。次のような記述である。

……入念に耕して七月はじめに播種する。……九月末に葉を収穫し、根は残して種子をとる。

一〇月中に犂でおおまかに掘り、〔根を〕拾い集める。

蕪菁の大量栽培法。町近くの良田一頃に七月初めに播種する。販売用なら九英〔＝北方辺境の品種名〕だけを栽培する（原注：九英は葉も根も大ぶりで、売るのにはよいが味は劣る。自宅で食べるのは根の小さい品種がよい）。一頃から車三〇台分の葉を収穫し、正月、二月に売る。麹漬けにすれば車三台分で男奴隷一人を買うことができる。

ここでは九月末にカブラの葉を採り、一〇月中に根を取るという。また大量栽培の場合は正月、二月に売るといい、漬物にすれば高く売れるという。そこで、前掲史料の司農卿李模が免官されたのは一〇月であったという事実を思い起こすと、冬蔵菜とはこのカブラ類に違いない。ついでに書くと、「根の小さい品種」とあるので、当時のカブラは葉と根を食べていたことがわかる。そうして冬蔵菜は主に葉の漬物であろうから、根に栄養分が取られていない品種の葉が美味しかったのだろう。

付け加えれば、販売用には見栄えのよい「九英」という品種がよいとし、味は劣っていてもよかった。自家用には別の美味しい品種を育てればよいのだという。現代の野菜の見映え（みば）えにこだわる商品用野菜の流通と同じ発想で、何だか笑ってしまうようなホンネを書いている。唐代の長安の近辺で栽培されていたものもこの「九英」という品種のカブラだとすれば、宮廷で食べていたカブラは美味しくなかったはずだ。誰も気がつかなかったのだろうか。

それはともかく、近郊農業で栽培される重要な野菜はカブラ類であった。この記事に続けてカブラの根の収穫法が記されている。

根を収穫するときは犂を使って掘り取る。一頃から車二〇〇台分を収穫でき、二〇台分で女奴隷一人を買うことができる。また一頃からは種子二〇〇石を収穫でき、搾油業者にもってゆけば三倍量の米アワに換えられるから、米アワ六〇〇石の収穫に相当し、アワ畑一〇頃に勝る。

ここでは食用の根と油を搾るための種子の収入について述べている。「米アワ」というのは籾殻を取ったアワである。この計算通りだとすれば、根も種子も相当の価値があったことになる。一頃は一〇〇畝にあたり、北魏の均田制の規定では、樹木を植えていない農地で成人男子四〇畝、女子二〇畝を授田の基準とする。実際に授けられる農地はこの倍なので、夫婦だけなら一二〇畝になる。一般にはここにアワなどの穀類を栽培して自立経営ができる。もし近郊農業でカブラを栽培すれば、一〇倍ほどの収入になるというのであるから九家族分に近い。この表現はある程度誇張されているのだろうが、収益の多さは否定できない。

三――カブラ類の普及と品種改良

さてカブラはアブラナ科の野菜で、同科の野菜はダイコン・ハクサイ・ツケナ・カラシナなどきわめて多種である。その総体的な歴史については『菜の花と人間の文化史』という概説的論集が出版されており、中国のそれについては江川式部氏が執筆している。興味のある方はそちらもご覧いただきたい。小論ではこのうちカブラを主体にして考えてゆく。

さてカブラは葉と根と種子を利用できる野菜であった。この便利な作物であるカブラがいつごろから中国に定着していたのかはわからない。ただ三国時代には定着していたようで、唐代の四川・湖北地域では諸葛菜とよんでいたという。まずこの史料に語ってもらおう。

劉禹錫(うしゃく)公がいわれた。「諸葛孔明が駐屯したところでは兵士に蔓菁(かぶ)だけを栽培させたのは何故か」と。私、韋絢(いけん)が答えた。「以下のような理由ではありますまいか。第一に芽生えたばかりのものは生で食べられます。第二に葉が伸びてきたら煮て食べられます。第三に時間が経つとともに成長します。第四に棄て去っても惜しくはありません。第五に軍が戻ったとき、たやすく見つけて収穫できます。第六に冬には根を掘って食べられます。このように諸種の野菜に比べて利点がたくさんあります」と。劉公は「まことである」と応えられた。蜀地方の人は、いま蔓菁を諸葛菜とよんでおり、江陵地方(現湖北省)も同じである。

この話は唐の韋絢著『劉賓客嘉話録』に載せられている。高級官僚を歴任した詩人、劉禹錫(七七二〜八四二年)の話を韋絢が記録し、八五六年に書き上げた本である。蜀(四川)・湖北地域で諸葛菜とよばれていた野菜は三国時代の蜀の宰相・諸葛孔明に由来する名称だった。彼が行軍するとき、駐屯地で必ず栽培させたということから諸葛菜とよぶのである。孔明がほんとうに蔓菁を植えさせたのかは未詳であり、蜀にゆかりの英雄にまつわる伝説かもしれない。けれども唐代の官僚の間でカブラの利点が議論されているところをみると、唐代には広く食べられていたことは確かである。この記事のように、スプラウト(新芽)は生食、葉は煮て食べ、根は冬に掘って食べるという利用法であった。カブラはいまのように主に根を食べる野菜ではなく、全体を利用していたのだ。

そこで唐代以前のカブラを調べてみるとその名称・表記は一定していなかった。さきの史料では蔓菁であるが、蕪菁や蕪・菁の一字で表記されることも多く、現代中国語ではどちらも使われている。ここでその歴史的変化を簡単にみておきたい。

まず前漢の揚雄著『方言』という字書に、地方ごとのカブラの名称の違いが列記されている。巻三に、蘴・蕘は蕪菁である。陳・楚の周辺では蘴といい、魯・齊の周辺では蕘という。函谷関の東西では蕪菁といい、趙・魏の周辺では大芥、その小さいものは辛芥あるいは幽芥という。花が紫色のものは蘆菔という。

とある。書き方が少し複雑なので整理してみると、漢代の政治・経済の中心地域(函谷関の東西)で蕪菁とよばれていたカブラは、各地の方言では蘴、蕘、大芥・辛芥・幽芥、蘆菔などとよばれていた。ここにあげられた地域名は春秋・戦国時代の国名に由来するが、すべて黄河流域でいわゆる北方中国である。これに西晋の郭璞(二七六〜三二四年)が注を付け、蘴は「今の江東の音は嵩で、文字は菘である」といい、蘆菔の注では「今の江東での名称は温菘である」という。江東つまり長江下流地域での呼称を補足したのである。蘴・蘆菔の両種には、共通する菘の字が用いられていた。このように北方の蕪菁・蘆菔は菘・温菘という文字で表されていた。現代ではカブラは蕪菁など、カラシナは芥、ダイコンは蘆菔・蘿蔔など、ツケナ類は菘を用いている。

前述のような地方ごとの名称の違いが生じていたのは、おそらく西方から北方中国に伝わってきて間もなかったためであろう。もしかすると同じアブラナ科の作物であっても形態などに微妙な違いがあったのかもしれない。カブラは中国伝来以後、急速に広まり、品種改良がおこなわれて各地に定着した野菜だった。そうして南北朝時代以後、徐々に品種改良が進んだ結果、それらの特徴が安定したものになり、呼称と文字表記が定まったのであった。

たとえば北魏『斉民要術』では品種の区別がかなり明確になっていた。前述の蔓菁の項に次のような付記があった。

菘と蘆菔を栽培する方法は蕪菁と同じである（原注：菘菜は蕪菁に似ているが、毛がなくて大きい。……考えるに蘆菔は根が大きく、その角（＝実が入っている莢か？）・根・葉は、どれも生食できる。蕪菁とは別物である。ことわざに「蕪菁を生食すると人情を失う」という）。

ここにいわれているように蕪菁・菘・蘆菔は似ているが別種と認識しており、それぞれの大まかな特徴がとらえられている。菘は葉物野菜として知られており、蘆菔は根が大きく生食できる利点があるという。最後のことわざの意味はよくわからないが、西山・熊代訳注にいわれているように蕪菁は生食するなという意味であろうか。

もう一種の芥であるが、『斉民要術』ではこれを蕪菁とは別項目で扱い、後世のアブラナと同類に入れている。そこでは蜀芥（しょく）・芸薹（うんたい）・芥子を同一項目にまとめており、西山・熊代訳注はこれをタカナ・アブラナ・カラシナと解釈する。そうして栽培技術もこの三種をまとめて記述し、ほぼ蕪菁の栽培法を基本としている。つまり『斉民要術』では蕪菁・菘・蘆菔と芥を別種とみるものの、基本的には蕪菁と同じ性質の野菜と考えていた。いずれもアブラナ科の野菜であるからこうした扱い方も納得できよう。

四——本草書にみえる分類

前節で取り上げたのは『斉民要術』であった。この他に参照すべき史料として本草書（ほんぞう）がある。漢方薬として利用するという観点からあらゆる植物が検討されていた。いうまでもなくそこでは植物ごとの特徴が記され、薬効が述べられていたし、栽培の問題に言及している場合もある。農業史の史料として使うこともできるのだ。まず、南朝梁（六世紀前半）の陶弘景著『本草経集注』（散逸書）はカブラとダイコンの区別とツケナとの関連を次のように記していたとされている。

蘆菔（ダイコン）はいまの温菘である。その根は食べることができるが、葉は食べられない。蕪菁（カブラ）の根は温菘より細く、葉は菘（ツケナ）に似ていて美味しい。四川の西部ではこれだけを栽培している。その種子は温菘とよく似ており、細かさだけの違いである。……一般の人はその根を蒸し、また漬物とするが、ともに美味しい。ただ少し臭いがある。

（蘇敬等編『唐・新修本草』巻一八蕪菁及蘆菔での引用）

ややこしい書き方だが、南朝ではダイコンを温菘と書き表しており、カブラよりも根が太い。

カブラの葉はツケナのようで美味しい。その種子はダイコンより細かい、としている。ここでダイコンの葉が食べられないとしているが、その理由はわからない。結局、ダイコン・カブラ・ツケナの区別をつけようと相違点を列挙しているかのようだ。この三種はそれだけ似ていたのであろう。これが『唐・新修本草』になると、

編者の見解。蕪菁(カブラ)は、北方の人はまた蔓菁とよんでいる。根・葉・種子は菘(ツケナ)に似ている。蘆菔(ダイコン)とは全く別物であり、形も性質も異なっている。

(『唐・新修本草』巻一八蕪菁及蘆菔の「謹案」)

とあるように、カブラはツケナと似ているがダイコンとは全く別物だとしている。とはいえこの時点での区別はまだ不十分であった。同書は菘について次のように記していた。

編者の見解。菘(ツケナ)は北方の土地には生えない。ある人がその種子を北方で播いたところ、最初の一年は半ばが蕪菁(カブラ)となったが、二年目に種子はすべて絶えてしまった。蕪菁の種子を南方で播いたところ、二年ですべてその土地に合った野菜に変わった。このような例がかなりある。

(『唐・新修本草』巻一八菘の「謹案」)

この記事が事実に基づいているならば、カブラとツケナの区別はまだ確立していなかったことになる。同じアブラナ科の野菜でも気候や土地の条件によって成長の仕方に違いが出ると思われ、そうした自然条件の違いもふまえて品種の区別を確立するのはそれほど容易なことではあるまい。その区別ができるようになるにはもっと時間がかかった。

そうして三〇〇年あまりを経た北宋の蘇頌著『本草図経』になると、江南に関する知識も深まり、区別はより明確に認識されるようになった。次のように記されている。

蕪菁（カブラ）および蘆菔（ダイコン）は、かつて産出する地方を明示していなかったけれども、いまは南北どこでも産出している。蕪菁はすなわち蔓菁である。蘆菔は後に記す萊菔（音は蔔）である。……この二種の野菜はとりわけ北方で栽培することが多いが、蕪菁は四季を通じていつでもみられる。……また飢饉に備えることができ、野菜のなかでもっとも有益なものはこれである。……

菘（ツケナ）は、かつて産出する地方を明示していなかったけれども、いまは南北どこでも産出している。蕪菁と似ている。茎が長く葉が光っていないものが蕪菁で、茎が短く葉が広くて厚く、肥えているもの（?）が菘である。……揚州のある種の菘は葉が円くて大きく、あるいは扇のようで、食べても滓が残らず、他所のものより抜群にすぐれている。これはいわゆる白菘である。……　（いずれも宋・唐慎微編、金・張存恵重刊『重修政和経史証類備用本草』巻二七蕪菁・菘での引用）

ここで注目したいのは、カブラ・ダイコン・ツケナの区別が明確になったことだけではない。カブラとツケナは唐代初期の北方・南方で産地が別であったが、宋代には南北どこでも産出するとされている。唐・五代を通じて、栽培地域が広がっていたのだ。それは両種の区別が明確になって別の名称が与えられていたことをも示している。

これらに対して芥(カラシナ)は、カブラなどとの区別はとくに意識されていなかったようである。前出の『本草経集注』では「菘に似て毛があり、味は辛く、漬物にするのがよいし、生食もよい」という程度の解説であった。またこれも前出の北宋『本草図経』では「だいたい南方では芥が多いというが、これは菘の類である。言い伝えでは嶺南には蕪菁がない。ある人が種子をもって彼の地に行き、これを播いたところみな芥に変わってしまったという」と述べている。ここでは「嶺南」、つまり広東・広西などの話とされており、情報量の足りない地方の話となっていた。逆にいえば宋代の中心地域ではカブラとカラシナとの区別は明確だったと思われる。その特徴である辛味が、品種を区別する際の見分けやすさだったのかもしれない。

このようにみてくると、カブラに代表されるアブラナ科の野菜でそれぞれの特徴が認識されるようになるのは北宋になってからであった。それは野菜ごとの品種改良が進み、また栽培地域が南北の主要領域に広がってゆく過程でもあった。こうしてアブラナ科の野菜の特徴が明確になるとともに、それらが食生活のなかで大きな位置を占めるようになっていったのであろう。

五――アブラナ科野菜の到達点――清代と宋・元代の絵図の比較

前節までみてきたように、アブラナ科の野菜のうち、漢代にはまだ明確な区別ができなかったカブラ・ツケナ・ダイコンおよびカラシナが北宋にはほぼ区別がつくように品種改良がなされていた。ただその区別の程度は現在の私たちの眼から見れば不十分であったことはいうまでもない。現代との比較はしばらく置くとして、清代の道光二八（一八四八）年に出版された図鑑の図を参照してみたい。それは呉其濬（きしゅん）著『植物名実図考』および『植物名実図考長編』である。前者は植物の特徴をとらえた図を主体とし、「その図は中国各地の植物を写生したもの」とされている（天野元之助著『中国古農書考』）。後者はそれらの植物ごとに関連する古今の史料を集めている。そうして前者の図と比較する宋・元の図は前出の『重修政和経史証類備用本草』（『経史証類』と略称）である。これは薬材の図であるから植物に限定されたものではないが、他に類例のない貴重なビジュアル史料である。

そこで［参考図1］と［同2］を参照していただきたい。1の北宋の図が総じて稚拙なのはしかたがない。2とほぼ七〇〇年あまり隔てた絵画技術および印刷技術の差が表れている。これらを比較して何がわかるであろうか。少し考えてみたい。

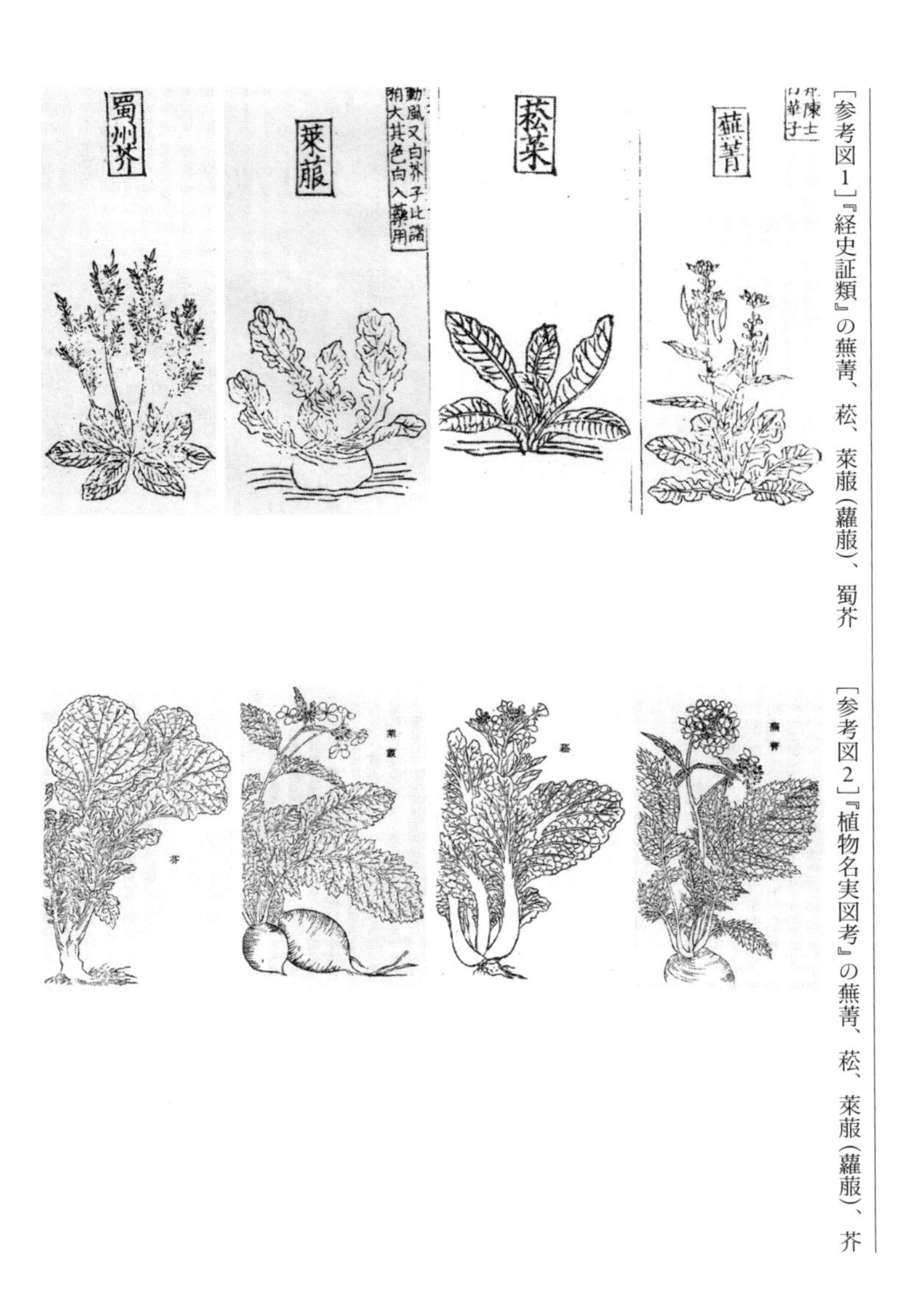

［参考図1］『経史証類』の蕪菁、菘、莱菔（蘿菔）、蜀芥

［参考図2］『植物名実図考』の蕪菁、菘、莱菔（蘿菔）、芥

まず[参考図1]の蕪菁(カブラ)は花と茎・葉を描いているが、根の部分は描かれていない。萊菔(ダイコン)は葉と根の上部が描かれているものの、この根は円くみえる。ここからいえることは、カブラは現在のようにとりわけ根に注目しているわけではなく、葉と花に視線が注がれていた。これに対して、形はともかく、ダイコンは根を食べる野菜だという認識が明確であるということだ。もちろん宋代のカブラに関する記述が根にも注目していたことは前述の通りである。しかし一般的な認識ではカブラで利用する部位は葉・茎・根の全体であり、根への注目度は相対的に高くなかったのだろう。あるいはこれを描いた絵師の頭のなかは旧来通りで、まだ根の重要性の方に向いていなかっただけなのかもしれない。ともあれ当時のカブラに対する認識の程度をうかがうことはできる。他方、菘(ツケナ)の図で描かれた葉は、その特徴がある程度わかるものの、全体として貧弱である。葉物野菜の代表的品種であるはずだが、そんな様子はみられない。前述の「葉が広くて厚い」という記述は、この図にはあてはまらないようである。ここで[参考図2]と比べればその差はいよいよ明確である。2の菘の方はいまのツケナ類、たとえば野沢菜・小松菜・壬生菜あるいはチンゲンサイなどをほうふつとさせる。葉・茎を食べる野菜として品種改良された結果がここに表れている。両者の差の大きさは絵画技術の差によるものかもしれないけれど、これ以上、北宋時代の菘の実態を確かめる方法はない。

[参考図2]のダイコンも根に注目していた野菜であることがよくわかる。根の形状が丸みを帯びているとはいえ、現在のダイコンにもこれに似た品種があり、桜島ダイコンはその一例であ

る。一方、芥〔カラシナ〕の図の違いは大きい。ただし北宋の図では芥そのものの図が掲載されておらず、蜀芥のみだった。『斉民要術』の蜀芥を西山・熊代訳注ではカラシナのなかの「タカナ・オオナ」としている。蜀という文字が付いていることからすればこれは地域的な品種で、形がみすぼらしかったのかもしれない。清代の芥の図は、他の野菜同様、堂々としていて立派な葉物野菜である。菘との区別もはっきりと見てとれる。

このようにアブラナ科の野菜は栽培地ごとの気候や土質あるいは嗜好性などの需要に応じて、改良されてきた。一九世紀半ばのアブラナ科の野菜はここまで到達していたのであった。

最後に現在の日本でも中国でも冬の定番野菜となっているハクサイについて考えてみよう。事典類によればハクサイが日本に伝来したのは、不結球種が一八世紀末で、結球種が一九世紀半ばだといわれている。では中国でハクサイが登場するのはいつころなのか。李家文著『中国の白菜』では、前出の『唐・新修本草』巻一八芥の項の「白芥子」をあげている。そこには次のように書かれていた。

編者の見解。この芥には三種類ある。……さらに白芥子がある。〔葉は〕ごつい大きさで白く、白梁〔＝アワの一種〕の籾摺りした実のよう〔に白い〕。とても辛いが美味しい。西戎〔＝西方の異民族〕から伝来した。

これはカラシナ（芥子菜）の白色種で、葉は大きく食用に適している。だが白菜という表記ではない。また関連がありそうな名称として「白菘」という名称の記事があった。それは前出の北宋『本草図経』にあった。再度確認しておくと、次のようである。

……揚州のある種の菘は葉が円くて大きく、あるいは扇のようで、食べても滓が残らず、他所のものより抜群にすぐれている。これはいわゆる白菘である。……

これは長江下流域で、南京の対岸、江蘇省揚州の産であるというから、広い意味での江南の菘の一種である。すでに史料をあげたように、北方で蕪菁などとよんでいた野菜を、長江流域では菘としていた。つまりツケナの仲間で、白色の味の良い品種である。とすると、唐代のカラシナ、宋代のツケナ類に白色種があり、結球種ではないようだが、いずれも味が優れていたのであった。とすればこれらの白色種に対する需要は多かったであろう。いまの白菜のように広く受け入れられていても不思議ではない。いよいよ白菜の名称に近づいてきた。

宋代より時代が下ると、「白菜」という名称が少しずつ出てくる。前出の『植物名実図考』に載せる「葵花（きか）白菜」という品種である。その解説には次のように書かれていた。

葵花白菜は山西地域に産する。大葉の青藍（せいらん）で劈藍（へきらん）に似ている。周囲を剥がすと中心の葉は白く、黄芽白菜（＝山東省のハクサイ）のようである。しっかり重なり合っていて（一枚一枚の葉は）伏せた碗に似ている。厚くて柔らかく愛すべきである。汾・沁地域（＝山西省の沁河流域）の野菜の美味なものであり、なますや和え物に最適である。

この青藍・劈藍は甘藍（カンラン）つまりキャベツの一種で、それに似ていて碗状の葉だという。とすれば葵花白菜はまさに結球白菜にほかならない。

もう一つの記事をあげると、焦循（一七六三～一八二〇年）の『毛詩補疏』巻二、『詩経』唐風の詩句「采葑采菲」の解説のなかで、次のように書いていた。

『急就章』（＝古代の教科書）に「老菁蘘荷冬日蔵（成熟したカブラとミョウガは冬に貯蔵する）」とあり、唐の顔師古の注釈に「……秋（?）に蔓菁を播き、冬になったら成熟するので、これを貯蔵して冬に備える。冬期に漬物とするのは葑菜なのだが、いまは青菜と通称している。これは古人が菁の名残と称しているがごときである」とある。『急就章』の釈文（＝解説）では「江南に菘があり、江北に蔓菁があるが、たがいに似ていても異なるものである」とある。いまの江南に産するものは俗に瓢児菜とよばれているが、実は江北の白菜なのである。土地の違いがあり、形や味にやや区別があって、「葑」や「須」と書いているが、これは通称である。

この焦循の解説によれば、一八世紀後半の長江北岸地域で白菜が栽培されていた。それは冬に漬物として貯蔵しておくカブラの伝統を継ぐ野菜である。名称の説明はわかりにくいけれども、広い意味での江南の菘つまりツケナ類の一種に瓢児菜があり、それは、前記の揚州を含む、長江北岸地域の白菜だというのである。つまりこれは宋代の「白菘」の流れを汲む野菜とみることができよう。

こうみてくると、清代中期、一八、九世紀には北方の山西地域と南方の長江北岸にハクサイが栽培されていた。もっと広く史料を探すなら多くの地方でハクサイが栽培されていたことを実証できるのだろう。こうして唐・宋時代から現在のハクサイにつながる一本の線がみえてくるのであった。

おわりに

長安の近郊農業から出発して、そこで栽培されていた野菜、とくにカブラに代表されるアブラナ科野菜の歴史を簡単に追いかけてみた。漢代以前に西方から伝来して定着し、蔓菁・蘆菔などとよばれたアブラナ科の野菜は、品種改良を経ていまのなじみの野菜、カブラ・ダイコン・ツケナ・カラシナ・ハクサイなどに分化した。いま私たちの食卓にのぼるアブラナ科の野菜はこれにとどまらない。野沢菜など地方ごとの呼び名をもった野菜があり、さらにターツァイなど中国から新しく伝わってきた野菜もある。このようにアブラナ科の野菜は絶えず移動と変化を続けてきたのである。

ちなみに西方伝来の野菜といえば思い出すことがある。「大根の千六本」という調理法をご存知だろうか。私の子供のころ、家にあった料理本（レシピなどというおシャレな言い方はなかった）に「大根は千六本に切ります」と書いてあったのを覚えている。なぜ千六本という中途半端な数字なのかわからなかったが、だいぶ後になってわかってきた。この言い方のもとになったのは中国語の「繊蘿蔔（纤萝卜）」なのである。繊は千切り、細切りにすることで、蘿蔔は蘆菔などと同じくダイコンの意味である。この発音をあえてカタカナで書くと「シエン・ルオボ」となり、これを聞いた日本人が「センロボ」と聞き、「千六本」と書いたのであろう。だから前記の料理法は「大根は〈千切りダイコン〉に切ります」となる。

いつのころか中国に伝来したルオボという野菜に蘆菔・蘿蔔などの文字があてられ、現代まで受け継がれてきたのである。ついでに書けば野菜のニンジンは人参ではなく胡蘿蔔と表記する。胡がつくものは西方からの伝来品であるから、ニンジンはダイコンよりも後に西方から伝わった、ダイコンのような形態の野菜である。付け加えれば、いまの中国語で人参と書くと、朝鮮人参の意味になる。

ともあれ必須の食材である野菜類は、過去もいまも変化し続けている。いまの変化といえば、売り上げを伸ばすための差別化という動機の下に、急いで進められている品種改良が目立っている。この改良によって生み出されたトマトなどの甘さは、むかしの青臭いトマトを食べた私などには驚異というしかない。だが、この流れのなかに遺伝子組み換えなどの科学技術を使った食糧増産への指向もみえる。遺伝子組み換え野菜の長期間の摂取が、人体の安全性に及ぼす影響の問題は残っているはずだが、政府の担当機関がこの点にこだわる様子はない。食糧の増産という目標とそれに協力するアグリビジネスの利益が優先されているのであろうか。こうした新たな変化には、どうしても危機感をもたざるを得ない。このような動きに対抗するかのごとくに有機無農薬栽培という、安心・安全な作物生産を目指す若者の活動も最近とみに眼につくようになってきた。私の居住地でも志をもった若い人が営農を始めている。まだまだ小さな動きかもしれないが、大いに期待しているところである。そうして悠久の歴史の果てに、いまの野菜があることもしっかり確認しておきたいところだ。

【参考文献】

妹尾達彦「唐長安城の官人居住地」(『東洋史研究』五五巻二号、一九九六年)など。
愛宕元訳注『唐両京城坊攷　長安と洛陽』平凡社・東洋文庫、一九九四年
荘司格一・清水栄吉・志村良治訳『中国の笑話』筑摩書房、一九六六年
西山武一・熊代幸雄訳『校訂譯註　齊民要術』アジア経済出版会、一九七六年第三版
武田和哉・渡辺正夫編『菜の花と人間の文化史　アブラナ科植物の栽培・利用と食文化』勉誠出版、二〇一九年
江川式部「中国におけるアブラナ科植物の栽培とその歴史」同前書所収
天野元之助『中国古農書考』(王毓瑚『中国農学書録』との合冊)龍渓書舎、一九七五年
李家文著、篠原捨喜・志村嗣生訳『中国の白菜』養賢堂、一九九三年
大澤正昭『唐宋変革期農業社会史研究』汲古書院、一九九六年

(補足)

本書校了直前に、「ハクサイ」にかんする史料の存在に気がついた。明代末期の王象晋著『二如亭群芳譜』である。その蔬部巻之二に「白菜」の項目があり、次のような記述があった。これは現在の「白菜」に近い野菜の、かなり早期の用例である。

白菜。一名は菘。野菜類の中ではもっとも日常的に食べられるもので、二種ある。一種は茎が円くて厚く、やや青い。もう一種は茎が扁平で薄く、白い。ともに葉は薄い青白色で、種子はアブラナの種子に似て灰黒色である。……南方のものは畑で冬越しするが、北方のものは穴に入れておくものが多い。……冬の汁物はとりわけうまい。……

七章

綺羅、星のごとし——絹織物は桑の葉でできている?

はじめに

高校生のころだったか「ステージにはキラボシのごとくスターがならんでいます！」という、アナウンサーのうわずった声を聞いたことがある。すぐに童謡の「きらきら光る夜空の星よ。……」を思い出し、「キラボシ」というのはキラキラ輝く星のことだろうと思っていた。これが間違いだと気がついたのはだいぶ経ってからであった。辞書を引けばすぐに説明が出てくるが、これは「綺・羅、星のごとし」という表現からでたことばである。「綺・羅」というのは綾織の絹と薄絹の意味で、精巧で美しい絹織物を意味する。「すばらしい絹織物はキラキラ輝く星のよう」なのだ。

こうした絹織物にお目にかかる機会は少ないけれど、一九七二年に中国で発掘された絹織物には驚かされた。湖南省の長沙市で漢代初期の墓が三基発掘され（馬王堆漢墓（まおうたいかんぼ））、貴人女性の遺体とともに漆器や極めて精巧な絹織物が出土した。このニュースは驚きをもって世界中に伝えられ、出土文物はその後日本でも巡回展示された。そのなかに「セミの羽根のよう」と形容された「羅」つまり絹の薄物があり、衆目を集めていた。何の模様もない、白い着物だったと思うが、透明かと疑うような薄さである。これが紀元前二世紀の中国の絹織物技術であり、そのレベルの高さには感嘆するほかなかった。

さて絹織物は中国古来の特産品であり、その製法は長い間秘匿されていた。そうして皇帝の下賜品あるいは重要な貿易品として利用されてきた。この絹織物はカイコガ（蚕蛾）の繭から採る生糸で作ることは周知の通り、ではないかもしれない。最近の小学校で蚕の実物をみせることはないのだろうが、私の担任のM先生は教室で蚕を飼ってみせてくれた。先生はある日、蚕卵紙（種紙）をもってきて、教室の後ろの棚に置き、孵化して蟻蚕が出てくるところから説明してくれた。その後、毎日校舎のまわりで桑の葉を刈り取り、蚕に与えていた。生徒たちにとって真っ白の蚕はおもちゃのようなもので、掌にのせたり、撫でたりして見守っていた。そうして蚕が成長して繭を作り終えると、一人に一個（一匹）ずつ繭を配ってくれた。この繭から生糸を採って絹を作るのだとも教えてもらったような記憶がある。この先生の養蚕の授業（？）によって、社会科で日本の誇る輸出品として教えられた絹織物がとても身近に感じられるようになったのは確かである。

絹織物は、このように育てた蚕の繭からとった生糸で織るし、蚕は桑の葉を食べて育つ。だから絹織物は桑の葉からできているといってもよいだろう。では桑の木はどのように栽培されるのか。農業史を研究していながらあまり考えたことがなかったテーマである。そこで、この数年間、集中して研究してみた。その結果、桑の栽培と養蚕・機織は農家がその生産活動を続けてゆくうえで大きな役割を果たした要素であることが理解できた。農家は稲などの作物を栽培するのと同じように、桑の栽培でもさまざまな技術を積み重ねてきた。本章ではそれらの研究をもとに桑の木の栽培法とその技術的発達をめぐるいくつかの問題を考えてみることにする。

一――桑の木の用途と養蚕

高校世界史の教科書で桑の木に触れている記事がある。ご存知だろうか。むろん桑単独で項目が立てられているわけではない。そう、中国の均田制との関連で桑が出てくる。手元の、受験界のベストセラー『世界史用語集』(山川出版社、二〇一四年版)をみると、「永業田」の項に次のような解説があった。

国家に返還しなくてもよい世襲地の隋唐時代の呼称。北魏の桑田(そうでん)にあたる。本来は調を出すための樹木を植えることが義務づけられたが、現実には口分田と同様に使われた。

ここで「北魏の桑田にあたる」というからには北魏の項に桑田の説明があるのかと思いきや、何もない。かつての『用語集』にはもう少し詳しい説明があったのだが、いまは削られたようだ。そこでこの説明のもとになった史料にあたってみると、次のような詔勅が下されていた(『魏書』巻一一〇食貨志。渡辺信一郎氏の訳注を参考に)。その要点だけを並べてみる。

太和九(四八五)年、詔を下して、天下の人民に耕地を均等に支給した。(詔の内容は以下の通り)

一五歳以上の男子は、露田四〇畝を受田する。婦人は二〇畝を受田し、……

人民は租税を課せられる年齢になると受田し、老いて課税免除の年齢になったとき、および死亡したときには、耕地を返還せよ。……

桑田は還受の対象外であるが、……

初めて田を授けるとき、成人男子一人ごとに田二〇畝を支給し、桑五〇本・棗五本・楡三本の植樹を割り当てよ。……


ここにいわれている「田」は日本の水田ではなく、広い意味での耕地で、実質的には畑を指している。詔勅だから少しまわりくどい言い方になっているが、均田制で支給される耕地には二種類あり、露田と桑田であった。そうして唐の均田制ではこれらが口分田と永業田になった。このうち桑・棗・楡を植え付ける義務がある耕地が桑田である。この三種の樹木がなぜ割り当てられたのかといえば、『世界史用語集』は「調を出すための樹木」としていた。だが、調の一部である絹を織るために桑の栽培を割り当てたというのならわかるが、棗と楡を栽培する目的は何かが説明されていない。三種の樹木に共通する特性が抜け落ちているのだ。これらに共通する特性とは何かといえば、次の二点である。燃料・材木などとして利用でき、また換金できる点であり、果実や葉を飢饉時の食料にできる点である。桑・棗の実が食料になるのは知られていると思う。桑の実は童謡「赤とんぼ」の歌詞（三木露風作）に「山の畑の桑の実を、小籠につんだは、まぼろしか」とある。この畑では養蚕用の桑に実がなっていたのであろう。果実のようなおやつになるし、ジャムにすればマルベリー・ジャムである。また棗はドライフルーツとして売られている。一方、楡の葉や、種子が入っている莢も食べられることはあまり知られていない。これは北方の一部地域の食習慣だったようで、『太平広記』には関連する話がいくつかある。たとえば次の話。

山東の人が上京したとき、宿屋の主人はつねに煮た野菜を提供した。しかしどれもうまいとは思われず、いつも楡の葉を思い出して、自分で煮て食べていた。主人は戯れていった。「聞くところでは、山東の人は車輪の部材を煮た汁を食べているとか。部材に楡の気配があるためでしょうな」と。答えていった。「聞くところでは京師の人は驢馬車の心棒を煮て食べているそうだが本当ですか」と。「どういう意味ですか」と主人が問うと、「ウマゴヤシの気配があるのでしょう」と答えた。主人は大いに恥じた。

（巻二五七「山東人」、『啓顔録』より）

これは山東地方の人は楡の葉を好み、長安周辺の人はウマゴヤシ（苜蓿）を好んで食べるという食習慣の違いを笑い話にしたものである。楡は車輪の轂という中心部の部材に用いられるし、ウマゴヤシはロバの飼料にもなる。これらは他の地域の人からは食べられる植物と思われていなかった。ちなみに、西安へ旅行したとき、街の食堂でウマゴヤシの炒め物を食べたことがある。

ふつうの野菜炒めとかわりはなかった。
ちょっと脱線したが、桑・棗・楡は食料になるのだ。北魏では飢饉対策の意味で作付けの義務を課していたのだろう。この点については米田賢次郎氏も広範囲の飢饉対策であると指摘していた(『中国古代農業技術史研究』)。そこで、桑の用途について詳しくみると、『斉民要術』巻五の桑・柘の項で、栽培法の次に、

桑の実が熟したら、たくさん採って陽にあてて乾かしておくと、凶作の年でアワが不足したとき、食用に充てることができる。

と述べ、乾燥桑の実が飢饉対策になると記していた。そのあとの注では次のように補足している。

いま、河北ではたいていの家で一〇〇石を収穫し、少ない家でもなお数十石は収穫する。だから杜洛周・葛栄の乱(五二五~五二八年)の後、飢饉がしばしば襲って来たときにも、人々はもっぱら乾燥桑の実に頼って生き延びた。数州の民の命を救ったのは乾燥桑の実の力であった。

この「石」という量の単位の換算は諸説あるようだ。西山・熊代訳註および『図解　単位の歴史

辞典』によれば、北魏の一升は現在の日本の二合二勺とされているので、一石は二斗二升となり、およそ四〇リットル弱である。一〇〇石だと四〇〇〇リットルほどになる。相当の量であり、この数十から一〇〇石というのはオーバーな表現かもしれない。この数値が信頼できるかどうかはともかく、桑の木はかなりの大木になり、相応の桑の実が得られたのであろう。

また桑・柘の材木としての用途には、育成の年数によって次のようなものがあげられている。

　三年後：老人用の杖、一〇年後：馬用の鞭・鞍など、まっすぐ成長させれば汎用の材木、一五年後：弓・履物、端材は錐や小刀の柄、二〇年後：子牛用牛車の部材

これらの材木には高価格のものもあり、馬用の鞍一揃い分で絹一匹（およそ一二メートル）、汎用の材木一本は絹一〇匹の価値があった。このように食料用および材木用として桑の木が重宝されていたことは、大前提として念頭に置いておきたい（犂の轅に用いていたことは本書四章で述べた）。

そのうえで桑の葉が蚕の飼料にもなることはいうまでもない。その使い方として『斉民要術』には次のような記述がある。

　総じて蚕が小さいときに魯桑を与えれば、大きくなって簇に入るまで荊桑・魯桑のいずれでも与えることができる。もし小さいときに荊桑を与え、中ごろに魯桑を与えると腹が裂ける

恐れがある。

この簇は日本では蔟と書き、稲わらを編んだ、繭を作らせるための区画である。したがってこの記事は繭を作るまでに与える桑の品種を示している。これは中国の養蚕法の基礎知識で、後世の農書類にも継承されている。つまり桑には荊桑・魯桑の二大品種があり、蚕の成長にあわせて使い分けるのである。ただこの記述を読むと養蚕には魯桑だけ使えば済むことになる。実際、『斉民要術』の記事の冒頭では次のように記していた。

桑の実が熟したころ、黒魯桑の実を採る（原注：黄魯桑は長くもたない。ことわざに「魯桑百本あれば真綿と絹が豊か」という。桑が良いものであれば手間が省け、効用が多いことをいったものである）。

これは栽培に用いる種子の採り方を述べたものだから、『斉民要術』は養蚕用に適する黒魯桑の栽培法を述べていたのだ。ではなぜ前掲のような荊桑の記述もあるのだろうか。その理由は後世の農書に記述されていた。元の『農桑輯要（のうそうしゅうよう）』（巻三、論桑種）が引用する『士農必用』（すでに散逸）に次のように詳細に書かれていた。

桑の品種の性格は、……（原注：桑の品種はとても多く、すべてをあげることができない。一般に名付けられているのは荊桑と魯桑である。荊桑は実が多く、魯桑は少ない。葉が薄くて尖り、周辺に鋸の歯のような切れ目があるのが荊桑である。およそ枝・幹や葉が強靭なものはみな荊桑の類である。葉が丸くて肉厚で、水分が多いものは魯桑である。およそ枝・幹が長くて多く、葉が豊かなものはみな魯桑の類である。荊桑の類は根が固くて芯が充実しており、長く生きるので剪定しないのがよい。魯桑の類は根が固くなく芯が充実しておらず、長く生きられないので地桑（ちそう）仕立てとするのがよい。そうして荊桑の葉は魯桑のように繁茂しないので、魯桑の枝を接ぎ木すべきである。こうすれば長く生きて繁茂する。魯桑は地桑仕立てにすれば、取り木法によって繁殖させられ、その性質を継承させられる。これもまた長生きすることと同じである。荊桑の類は成長した蚕を飼うのに適しており、生糸は強靭なので、紗や羅を織るのに用いる。……魯桑の類は幼い蚕を飼うのに適している）。……

ここにはいろいろな情報が含まれていて、ややこしい。ここに出てくる「地桑仕立て」という栽培技術は、後述するように、桑の主幹をきわめて短く切って地面すれすれにし、枝・葉だけを繁茂させる仕立て法である。この仕立て法の記述を除けば、ここでは魯桑・荊桑の性質が対比されている。それらの長所と短所がまとめられており理解しやすい。これをまとめたのが次ページの表「魯桑と荊桑の性質の比較」である。

これをみると『斉民要術』以後の六〇〇年間に桑に対する知識はかなり深まっていたことがわかる。そうして魯桑・荊桑の長所を生かし、養蚕に適する桑を育てる技術ができあがった。それがここに記された接ぎ木法であった。これによって荊桑のように寿命が長く、魯桑のように蚕に与えるのに適した葉が採れるようになった。つまり、蚕が幼いときは魯桑を与えるが、ある程度まで成長したら、荊桑またはこれに接ぎ木した魯桑の葉を与える。となれば魯桑・荊桑の両種とも栽培しておく必要があったのだ。付け加えれば、荊桑の特長は養蚕以外の用途にも適していて、捨てがたいものであった。

以上に述べたように桑の用途は広く、貴重な糧食作物でもあった。このため北方の多くの農家で栽培していたし、国家はその栽培を割り当ててもいた。しかし時代が下るにしたがって養蚕用の桑栽培が優先されるようになる。さらに絹織物の需要が増え、それとともに養蚕用の桑の需要も増えた。当然、増産のための技術も工夫されるようになった。以下、桑の栽培技術が歴史的にどう変化していったのか、追いかけてみたい。これを考える視点はさしあたり桑の木の仕立て方と樹間距離を規定する定植法に置くこととする。

[表] 魯桑と荊桑の性質の比較

	魯桑	荊桑
実の量	少ない	多い
葉	丸くて肉厚で、水分が多い	薄くて尖り、切り込みがある
枝・葉など	枝・幹が長くて多く、葉が豊か	枝・幹や葉が強靭
根	固くなく、芯が充実していない	固くて、芯が充実している
寿命	短い	長い
養蚕用	幼い蚕に適する	成長した蚕に適する

二――養蚕用の桑の仕立て方

まず仕立て方の問題である。前述のように桑の木は放置すれば大木になる。古代の画像史料には大木に上って桑を採っている様子をあらわした場面がいくつかある。たとえば［参考図1］は、戦国時代（前四〇三年～前二二一年）の銅壺に鋳込まれた図像である（北京・故宮博物院蔵）。この画

［参考図1］戦国時代の採桑図像

面の上半分に、桑の木および葉あるいは実を摘んでいる様子が描かれている。布目順郎氏はこうした図像資料を集めて桑の葉採集との関連を分析した（『養蚕の起源と古代絹』）。そのうえで、こうした図像は当時の現実を写すのが目的であったというよりは、おおむね養蚕にかかわる儀礼の様子を描いたものとされている。おそらく妥当な解釈であろうが、当時の桑の木のあり方を象徴的に表現していたともみることができる。つまり桑の木はかなりの大木に成長しており、木に上っている人物のヘアスタイルから女性が葉や実を摘んでいたことがわかる。性別分業の一端を表しているのである。このように当時の桑の木は、葉の摘み取りや枝下ろしなどの作業をするときは、かなりの高さまで上らねばならなかった。

こうした桑の木のあり方は基本的に北魏まで続いていたのであろう。しかし養蚕用に利用するためには上り下りに時間がかかりきわめて効率が悪い。したがって枝の剪定、つまり枝下ろしをおこなって樹高を抑える作業が必須になる。『斉民要術』では前述のような材木としての利用のためもあって、定期的に枝下ろしをおこない、枝は売りに出していた。その時期は「一二月が最上で、正月がこれに次ぎ、三月がその次である」と適期を示しつつ、「冬・春に下ろすのは控えめなのがよい」としていた。これは桑の葉の摘み取りに影響が出ないような配慮であろう。ではこうした意義をもつ仕立て法はどのように変化し、樹高が抑えられていったのだろうか。時期を区切ってみてゆきたい。

◈北魏『斉民要術』の段階

さて、養蚕用の葉の採集には葉を一枚ずつ摘んでいたのだが、後世には枝ごと刈り取るようになる。そこであらためて『斉民要術』の桑の仕立て方と枝・葉の採り方をみよう。

春に桑を採るには、長いはしごや高い台を用い、一本の木に数人がかりでおこなう。曲げた枝は元に戻し、できるだけきれいに採り尽くす。かならず朝と夕を選び、暑熱のときを避けること（原注：はしごが長くないと高い所の枝が折れ、人が多くないと上り下りに手間がかかる。枝を元に戻さなければ曲がったままになり、きれいに採り尽くさなければ後に出る枝が鳩の脚状になる。朝夕に採れば葉が潤っており、暑熱を避けなければ枝・葉が乾燥してしまう）。（巻五桑・柘）

この本文と原注には当時の桑の葉を摘む技術――枝を曲げて葉を摘んだ後は枝を元の状態に戻す、きれいに採り尽くす、など――とその意義が集約されていた。この記事から桑の木はかなりの大木であったことがわかる。ただ定期的に枝下ろししているので、ある程度まで成長は抑制されていた。これをとりあえず高幹仕立てと称する。そうしてこの仕立て方では上り下りのための道具と人数が必要で、作業の効率からいえばかなり非効率である。しかし桑の枝を守るためと蚕に潤いのある葉を与えるためには季節と時間を選び、ていねいな採り方をしなければならなかった。この記事を総体的にみれば、そこに記された栽培技術はそれまでの技術の到達点であったし、同時にこれ以後の技術発達の出発点となる。この後、絹織物の需要が増えるのに応じて、桑の葉の産量を増やし、安定的な供給を実現しようとするようになる。その場合、これらの技術を改良する必要が出てくるので、桑の木の高さを抑える仕立て方と樹間距離を短くして密植するなどの工夫が追求されてゆく。

そこでまずは『斉民要術』の記す樹間距離を確認しておかねばならない。それは前掲の栽培法のなかに記述されていた。桑は、種子を播いて育てる場合には芽が出たら移植し、さらに成長したら定植するというように、二度移植する方法を記している。その記事で、定植する間隔などを次のように記す。

……〔移植した苗が〕臂ほどの大きさになったら正月中に定植する。一〇歩に一株の割合がよい。定植した株の列はややずれて〔千鳥になって〕いるのがよく、きちんと碁盤の目のようになっているのはよくない。

この「臂ほどの大きさ」というのはよくわからないが、さきに研究した桑栽培の技術では、後掲の史料も含めて桑は一年に三〜七尺（九〇〜二一〇センチ）になるといわれていた（『中国農書・農業史研究』第十章）。とすれば人間の「臂」ほどの高さという意味であろう。この苗木を「一〇歩」間隔に定植する。当時の一歩は六尺で、一尺はおよそ三〇センチであるから、一〇歩は約一八メートルになる。この間隔から考えると、桑の成長を前提としているようで、高幹仕立てにするためだと思われる。また「千鳥になって」という部分は、桑の木がいわゆる「千鳥足」のようなジグザグ状になるように植えるのだと解釈した結果である(西山・熊代訳註)。またこのような間隔の配置にするのは桑の樹間にアワなどの作物を栽培することを想定しているからである。というよりも畑の一部に桑を植えるとみた方がよい。つまり前に紹介した詔勅の桑田というのは穀物畑のごく一部に桑を植えているイメージになり、現代の桑畑の栽培法とはまったく異なる方法である。このような技術が以後、徐々に改良されてゆく。

◈唐・五代の段階

本書五章にも取り上げたように、唐代中期(八世紀)の農書に『山居要術(さんきょようじゅつ)』があり、唐末・五代の技術を記したと思われる農書に『四時纂要(しじさんよう)』があった。これらは『斉民要術』を継承している部分も多いが、新しい技術を取り入れた部分もある。このうち『山居要術』は散逸したものの、元～明初期の『居家必用事類全書』という日用百科全書に、『山居要術』を改訂したとみられる『山居録』が収録されていた。これは往往にして『四時纂要』よりも文字を正確に継承していた。そこでこの記事をあげてみよう。枝下ろしにかかわる部分は次の通りである。

　桑を栽培する　実が熟した時、魯桑の、葉が大きくて実が少ないものを選んで収穫し、これを播く。……もっぱら野菜を播く方法のようにし、うねを立てて播く。……〔芽を出し〕成長して高さが一尺になるのを待ち、さらに肥料を一回施す。その年に高さ四、五尺にまで育つ。翌年の正月初め、畑地を五、六回十分に耕す。五歩ごとに一株を植え、一升の肥料を施す。秋の初めになったら、根元を耕し、更に肥料を施して土寄せする。五年間は春・秋ごとに根元に土寄せし、肥料を入れて育てる。三年経てば実を採ることができるようになるものがある。一本の樹ごとに葉三〇斤を得られる。また必ず毎年適時になったら枝下ろしし、縛った石を用いて、四方の枝を抑えつけ、ざんばら髪のように下に向かせる。中心の枝もたわめて倒し、まっすぐ上に伸ばしてはいけない。もし上に向かせると葉が摘みにくい。

この記事は『四時纂要』よりも正確で、それに先行する記事だったとみられる。つまり『四時纂要』は『山居録』の原本である『山居要術』から引用していたのであり、唐代中期の技術であった。そうしてこの記事をみると『斉民要術』とはかなり異なる技術が述べられていた。いろいろな技術が入り混じっているが、新しい技術はどこかお気づきだろうか。それを考えるために技術の要点をまとめれば次のようになる。

①移植は一回だけで、これを定植とする。
②定植する時の間隔は「五歩ごとに一株」である。
③定植して三年後には実と葉を採ることができるまでに成長するものがある。これは種子を

播いてから四年後である。

④葉を採るためのはしごも台も書かれていない。

⑤枝下ろしの方法が詳しく述べられているが、『斉民要術』とはかなり異なる方法である。

これらの技術は北魏以後に新しく改良されたものだとみられる。①③は移植の回数が減ったのだから、手間が減ったことになり、苗木の育成期間がほぼ一年短くなった。とすればこの新技術が有利なはずで、すぐに普及しそうなものだが、そう単純ではなかったらしい。二回移植する旧技術は、後述するように元代の農書にも受け継がれているのだ。ただこれは小論の課題とは別の問題になるのでこれ以上は論じない。次いで②④⑤に注目したい。

②は樹間距離が『斉民要術』の半分になったことを示す。そうして④のように「はしご」などの道具を使っていないことからすれば、桑の樹高は低くなったとみられる。そのうえで⑤の記述がある。ここには人が樹上に上って葉を摘むのではなく、周囲の枝を引き下げて摘むという方法が記されている。一本一本の枝に重しをつけて引き下げるので、桑の木の姿を「ざんばら髪のように」すると表現されている。また中心の枝つまり主幹はたわめるとし、こうすれば葉を摘みやすくなるという。すなわち桑の木の高さを低くする低幹仕立てであり、当然、樹間距離は近くてよいことになる。これはまさに養蚕用に桑を仕立てる方法にほかならず、もっぱら養蚕用桑の木の栽培を目的として開発されたものである。『斉民要術』の後、二〇〇年ほどの間にこうした技術が開発されていた。そうした動向の背景には養蚕の盛行があったとみられるし、さらには絹織物生

産への需要が高まっていたことが予想される。

その需要が増大した理由が何なのかは大きな問題で、別途研究してみたい課題である。たとえば、いわゆる「大唐帝国」の時代は国際的な交流が活発だったとされるが、そこに絹織物の流通が重要な役割を果たしていたことは容易に想像できる。当然、絹織物の増産が求められたであろう。またモンゴルの「大帝国」の成立や「大航海時代」以後の世界経済の一体化の場合も同じである。絹織物の需要増大は桑の葉の増産を基礎にするのだ。そのために桑の木の仕立て方は変化せざるを得ない。これをもう少し追いかけてみよう。

◈元『農桑輯要』の段階

元代に編纂された『農桑輯要』の成立については宮紀子氏が詳細に検討しており、一二七三年成立説を打ち出している(『モンゴル時代の「知」の東西』)。諸説はあるが妥当な見解なのだろう。この史料は大司農司という、農政や農業・水利問題などを担当する官庁が編纂したもので、旧来の農書と金末から元初期にかけて成立した五〜七種の農書を集約して作られていた。そうして農書ごとに異なっている技術もそのまま載せられており、一つの技術だけを推奨する記述ではなかった。たとえばさきに触れた、『斉民要術』の二回移植する技術に関しては、『農桑輯要』巻三栽桑の「布行桑」(列状に桑を植える)という項目名の下に次の注が付けられていた。

『斉民要術』『士農必用』は種子を播いてその後芽が出たら移植し、移植した後に定植する。『務本新書』は畝を立てて種子を播いた後、移植して定植とする。「転盤」の方法はとらない。

ここに「転盤」というのは繆啓愉氏の解説によれば、「二回目の移植を指し、あわせて定植の意味も含む」としている（『元刻農桑輯要校釈』）。つまり『農桑輯要』の編纂者は『士農必用』と『務本新書』の技術が異なっていることを明確に理解していたのである。とすればこの時点では新・旧二つの技術が併存していたことになる。おそらく桑の栽培に重点を置き、より効率的な生産をねらうか、従来通り農業と養蚕の二本立て用に栽培するかといった違いであろう。この他に新技術よりもさらに効率的な栽培法があり、それがさきに触れた地桑法である。その技術は次のようなものだった。少し長くなるが、興味深い方法なので紹介してみる（『農桑輯要』巻三栽桑の「地桑」が引用する『士農必用』）。

地桑の植え方　垣根をめぐらせて桑園とする。園内の耕地を犂や大鍬で耕す。五尺四方の耕地に穴を掘り、その一辺と深さは二尺とする。穴のなかに堆肥を三升入れて土と混ぜあわせ、桶一杯の水を注いで、薄い泥状にする。別のうねに魯桑を播いて育てておき、根ごと掘り出し、根から上、六～七寸までを残し、それ以上は切り取る。……一つの穴に一本植える。根を泥のなかに差し込み、穴の底まで届かせる。それを三～五回引っ張り上げ、桑の茎の先端が地面と平らになるようにし、周囲の耕土を寄せて穴を満たす。翌日、桑の茎の周囲を突き固める。穴の半分の深さまで突き固めたら、耕土を寄せて軽く突き、地面と平らになるようにする。柔らかい土を五〜七寸まわりに積み、大きな平鍋のような形にすると、桑の周囲は池のようになる。芽が出て、周囲の土より指四〜五本分伸びたら、一本の木ごとに一〜二本の枝だけ残しておく。翌年、茎のまわりの枝・葉を刈り取り蚕に与える。……

かなり詳しい記述であるが、それだけわかりやすい。この地桑とよばれる栽培技術のメリットはおわかりだろうか。まず桑園を区切るというのだから、桑専用の畑である。次に樹間距離がある。耕地五尺(約一・五メートル)四方ごとに一つの植え穴を掘り、そこに一本の桑を栽培する。前述の唐・五代時期では樹間が五歩つまり二五尺であった。ここでは五尺とされているから五分の一の樹間距離になっている。かなりの密植栽培である。次に枝・葉を摘むことができるのは、桑の苗を植え付けた翌年である。最短二年で枝・葉を摘むことができるのだから、育成時間は半分ほどになった。さらに桑の茎の先端は地面とあまり変わりのない高さにし、そこから伸びる枝・葉を採るので、収穫するためのはしごも台も必要がない。きわめて効率的に葉の収穫ができるのである。付け加えておくと、ここでは枝と葉を採るとしている。かつての葉だけ採る方法ではなくなっていた。

ここに述べられている技術はまさに〈いいことずくめ〉であるが、当然欠点もある。さきに桑の品種で述べたように、魯桑は寿命が短い。この記事の最後に次のような注がついている。

地桑は、三年後は成長し繁茂しているが、五年後になると根がからみあう。そうなると繁茂しない。春にからみあった根を切って掘り取り、肥料分のある土を入れる。水を注いだり、雨が降ったりすればまた成長し、繁茂する。このあとは根が大きくなろうとするのを見計らい、取り木法〔＝枝を引いて一部を土に埋め、根を出させる方法〕で栽培する。同様な方法で別の桑園に栽培する。……

つまり地桑法で栽培した地桑は五年しかもたない。通常の方法で栽培すれば四～五年目から葉を摘むことができるようになり、以後長持ちするのだが、地桑はそのころには植え直さなければならなくなる。この栽培法はいわば密植の促成栽培であり、五年ごとに植え直しの手間がかかるのだ。とすると他の栽培法よりも労力が必要で、桑畑をもつ、桑の専業農家でなければ管理が行き届かない恐れがある。

以上のように元代にはさまざまな栽培技術が開発され、それぞれの農家が条件に応じて採用した。こうして唐・五代以前の旧技術とそれ以後に開発された新技術および地桑法のような新・新技術が並行して実施されていた。一般の、農業と桑栽培・養蚕の両方をおこなっている農家では必ずしも新技術を取り入れていたわけではなかった。これが元代の実情である。だがさらに三〇〇年後の明代末期になると状況はかなり大きく変化していた。

◈明代末期の段階

この技術段階を示すのは一七世紀前半に成立したと思われる『沈氏農書』である。沈氏は湖州東部の漣川鎮（現在は練市鎮）付近の人だといわれるが、その名前や号は残されていない。これを嘉興府桐郷県楊園村の知識人・張履祥が高く評価して復刻し、みずからの著作部分も付けて、『補農書』として出版した。その注釈は陳恒力・王達氏著『補農書校釈』で詳細におこなわれている。また足立啓二氏などの研究によれば、沈氏は雇用人とともに、地主である自分自身も農作業に参加する手作り農家で、稲作とともに桑栽培・養蚕を手掛けていた（『明清中国の経済構造』）。そうして彼が子孫のために残した、農家経営の秘訣が『沈氏農書』なのである。桑栽培の技術についても、無論、詳しく記されている。

まず桑の植え方について次のように記す（「運田地法」第六段一条）。

移植の時は間隔を広くとることが肝心である。縦横七尺ずつ間をあけて、一畝ごとに二百本植えれば、どの木も生い茂り、葉は二千斤にもなる。……村の近くの桑畑は、春節の前でも後でも植えてよい。村から遠い桑畑で盗人を警戒するならば、清明節の前に植えよ。

これは桑専用の畑であるが、村の遠くと近くの二か所にあった。桑の間隔は縦・横七尺ごとに一本とし、一畝に二〇〇本栽培するのだという。しかしこの数値には疑問がある。少し計算してみよう。興味のある方は鉛筆と計算用紙のご用意を。

さて、桑が碁盤の目状の行列に植えられて七尺間隔だとすれば、一畝＝二四〇歩（面積の一歩は五尺四方）の畑には一二〇本ほど植えられる計算になる。あるいは桑の間隔が七尺で、『斉民要術』のような千鳥足状に植えるとすれば、行列の間隔は$3.5\sqrt{3}$尺である。この植え方ではおよそ一四三本植えられるが、これでも二〇〇本には及ばない。逆に、一畝に二〇〇本を植えようとする場合は、たとえば縦五尺×横六尺の農地に一本植えなければならない。私の計算に誤りがなければ、『農書』が記す桑畑の面積と桑の本数が一致しないのである。考えられるのは、たとえば「二百」と「百二十」の誤記ないし版本継承の際の誤伝などがあった可能性である。だが、真相は未詳。いずれにしても前掲の地桑などと比べるとやや疎植ではあるが、唐・五代の五歩＝二五尺間隔と比べれば樹間は三分の一あるいは四分の一ほどになっている。それだけ樹高も低くなるように仕立てているに違いない。そうしてこれは他の作物の周囲に桑を植えるような畑ではなく、桑専用の畑である。つまり『沈氏農書』は桑専用の畑と水田をもち、稲作と養蚕を兼営する農家の経営記録であった。

次に桑の剪定法（仕立て方）である。これに関しては次のような記述がある（「運田地法」第六段二条）。

桑の剪定法は、たとい漣川鎮の西郷のような楼子型に刈り込むことが出来ないまでも、断じて東郷の拳頭型にしてはいけない。試しに拳頭型の桑を見ると、枝の剪り跡が多く、枯れ木のように見える。毎年施肥しないと新芽が出ず、もし芽が出たとしても悶死してしまうのだ。

ここでは自然に成長させる仕立て方はまったく問題にせず、ほぼ低幹仕立ての樹形が問題となっている。沈氏は楼子型と拳頭型の二種の樹形をあげ、楼子型の方を勧めていた。これらの樹形に関して陳恒力・王達氏『補農書研究』は、楼子型とは「高さがやや高く、枝を幾層かの層状に」刈り込む樹形で、「生産量が安定して、樹齢も長く見栄えがよい」(【注釈】②)とする。一方、拳頭型は「幹が楼子型よりも低くなるように調整された樹形」(【注釈】③)とする。具体像はそこに示された図を掲げるので参照してほしい。

この両氏の見解に従えば、沈氏は当時の二種の樹形のうち、拳頭型よりも樹高は高いが生産量が多い楼子型の桑を選ぶよう子孫に求めていた。これは枝を切り取る際に低い台などを必要とする場合もありそうな仕立て方である。ここで付け加えておけば、[参考図2]からわかるようにこの両種の仕立て方は枝を切り取るための樹形である。この時代は葉を摘むのではなく枝を切り取る方法に変化して久しかった。ともあれ沈氏は枝を切る際の効率よりも生産量を重視していたことになる。

ちなみに、本書一章でもみたように、F・H・キングは一九〇九年に中国・朝鮮・日本を視察し、多くの写真を残した(『東亜四千年の農民』)。その桑畑の写真一枚をここに転載する。またわれ

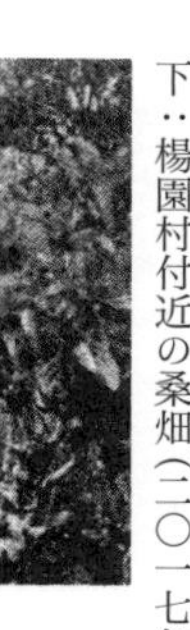

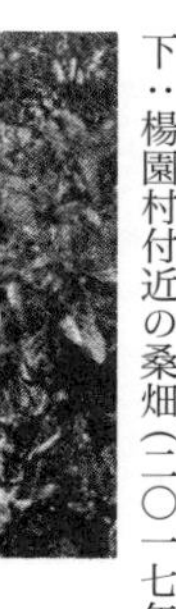

[参考図2]拳頭型(左)と楼子型(右)(『補農書研究』より転載)

[参考写真]上:F・H・キング第百五十三図、下:楊園村付近の桑畑(二〇一七年五月、大川裕子氏撮影)

われが二〇一七年に調査した湖州周辺の桑畑ではキングの写真と同じような仕立て方の桑をみた。拳頭型よりもさらにシンプルな仕立て法の桑であった。枝を切り取るために、桑の切り株である「拳頭」が密集している樹形になっていた。また樹間は狭いが列の間隔は広くとってあり、管理に便利な栽培法である。『沈氏農書』以後の三五〇年ほどの間に楼子型は淘汰されていったのであろうか。この他に『沈氏農書』には樹形や桑の木の間隔を知る手掛かりはなく、特段の剪定をしない桑があった可能性もあるが、それは論じるほどの意味をもっていなかったのであろう。

おわりに

以上のように桑の木の仕立て方と樹間距離の変遷をみてきた。『斉民要術』の高幹仕立てから改良が進み、低幹仕立てに集約されていった。それとともに樹間距離は一〇歩からどんどん狭くなり、地桑のような極低幹の密植栽培法も開発された。こうした桑の栽培法の変化は、もちろん桑の葉の増収のためであり、それが絹織物の増産を支えていた。だが絹織物は増産すればそれで済むものではない。織り方によって質の高い絹織物ができるし、そうでない絹もある。織り手の技術が問われるところである。また絹織物の流通の問題もある。小論はいわば絹織物生産のすそ野の広がりを歴史的に確認してきただけである。これから研究すべき課題はいくらでもある。今後〈綺羅、星のごとき〉研究成果が生まれてくることを大いに期待しているところである。

【参考文献（辞書は除く）】
渡辺信一郎『『魏書』食貨志・『隋書』食貨志訳注』汲古書院、二〇〇八年
米田賢次郎『中国古代農業技術史研究』同朋舎、一九八九年
小泉袈裟勝編著『図解　単位の歴史辞典』柏書房、一九八九年

西山武一・熊代幸雄訳『校訂譯註　齊民要術』アジア経済出版会、一九七六年第三版
布目順郎『養蚕の起源と古代絹』雄山閣、一九七九年
大澤正昭『陳旉農書の研究』農山漁村文化協会、一九九三年
同『唐宋変革期農業社会史研究』汲古書院、一九九六年
同『中国農書・農業史研究』汲古書院、二〇二四年
宮紀子『モンゴル時代の「知」の東西』（上・下）名古屋大学出版会、二〇一八年
繆啓愉『元刻農桑輯要校釈』農業出版社、一九八八年
陳恒力・王達『補農書校釈』農業出版社、一九八三年。校釈の初版は『補農書研究』（中華書局、一九五八年）に収録。
足立啓二『明清中国の経済構造』汲古書院、二〇一二年
F・H・キング著、杉本俊朗訳『東亜四千年の農民』栗田書店、一九四四年
大澤正昭・村上陽子・大川裕子・酒井駿多「『補農書』（含『沈氏農書』）試釈」（一）〜（三・完）（『上智史学』六二〜六四号、二〇一七〜一九年）

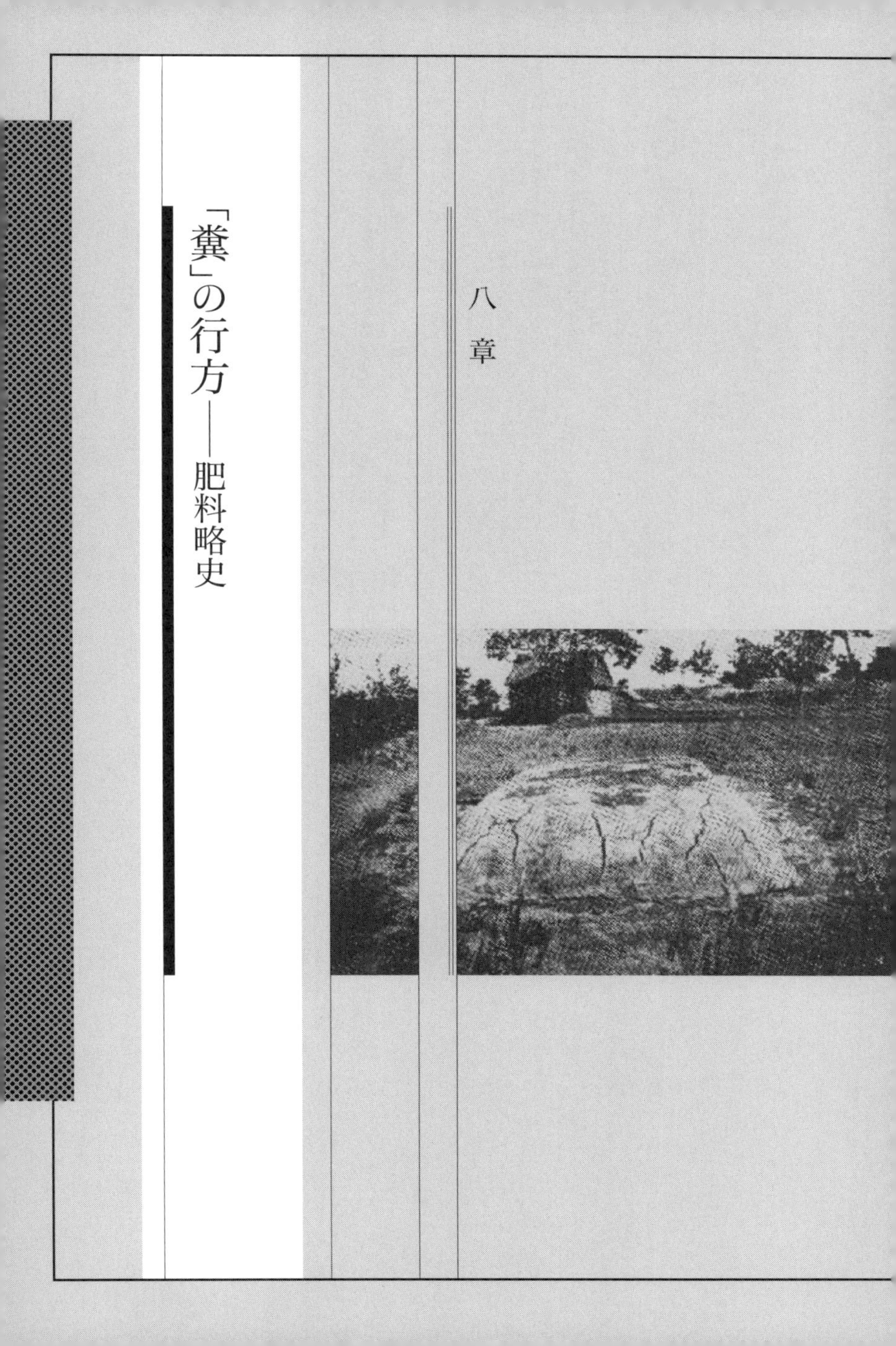

八章

「糞」の行方——肥料略史

はじめに

私事ながら、私は仙台市の生まれで、小学生時代を伊達藩の出城であった旧若林城の周辺で過ごした。一九五〇年代である。この城跡は現在、宮城刑務所として使われている。刑務所職員の息子である友人といっしょに刑務所の中(!)と外を遊びまわった。このあたりは仙台平野の西端で畑作地帯であった。通学路は麦畑のなかを通っており、冬の麦踏みもみていたし、刈って干してある麦束が長雨にあたっているのを心配しながらみていたこともある。また麦の穂が出たころには黒穂病の穂を抜いてチャンバラごっこに興じた。黒い煤のようなものを顔や手に付けあうのだ。これが私の原風景である。私が農業史に興味をもった背景にはこうした経験があるのかもしれない。中林広一氏が農業史研究と研究者の時代区分をしたが(「読む・見る・聞く・書く・触れる」)、その第Ⅲ期に分類された私たちは、似たような経験をしながら育ったのだと思う。

そのなかであまり思い出したくない風景もあった。道ばたに、ということは畑の端に設置されていた肥溜(こえだ)めである。直径は子供の両手幅よりもずっと大きかったような気がするが、木の桶が地面すれすれまで埋めてあった。そこにはいつも満杯の肥やし、つまり糞尿が入っていた。表面はこげ茶か黒色で固まっており、子供たちが石を投げても沈まないし、近づかなければ臭いはない。いまになって考えてみると、汲み取ってきた糞尿を天日や雨風にさらし熟成させていたのであろう。いずれこれを汲みだして畑に撒くのである。撒いた直後に近くを通ると強烈な臭いがして、私たちは走って通り過ぎたものだった。いうまでもなくこれが畑の肥やしで、そのおかげで麦や野菜が立派に成長するのだが、そんなことには思いも至らなかった。ともかくその臭いだけは鼻について離れない。

ではこの肥やし、つまり肥料はどのように使われ、どのように発達してきたのだろう。本書六章で野菜栽培との関連でも触れたが、さらに時間・地域の視野を広げてその歴史を考えてみたい。

作物の栽培に欠かせないのは農地の地力の増加と維持であり、その役割の大きな部分をになうのが肥料である。これは本書で取り上げてきた農業技術の発達を考えるための残された課題である。ご存じの通り肥料のうちでも前近代において重要な役割を果たしたのは人間や家畜の排泄物で、これをいかにうまく使うか農民はさまざまな工夫を凝らしてきた。以下糞尿をはじめとする肥料の歴史を考えることにする。本章には「糞」の話題がいっぱいなので食事の前にはお読みにならない方がよいかと思われる。あらかじめお断りしておきます。

一――隋唐時代の「糞」の風景

さきに長安における「糞」の処理と野菜栽培の関係について触れた。ただそこでは都会の人糞を使った近郊農業のあり方の一端として取り上げただけであった。実は「糞」に関わる小説史料はまだいくつか残っている。本章の話題の端緒としてこれら『太平広記』の記事を紹介したい。一つは前に述べた肥溜めと同じような、「糞」の置き場についての史料である。それは「糞堆」とか「糞積」とよばれ、メインの話題の背景に描かれていた。

まず「華州参軍」という話である。華州（現陝西省）の某部局の参軍（上級官僚）であった柳生は仕事をやめて長安に閑居していた。あるときみかけた崔氏の娘に魅かれたが、諸般の事情があって結ばれなかった。数年後、

……崔氏の母は婢（はしため）の軽紅に柳生の居住地を尋ねさせたところ、彼は金城里に住んでいた。母はまた軽紅に柳生と娘の密会の約束をとりつけさせた。さらに畑仕事担当の男児をつけてやり、柳生の居宅の垣根の外側に、垣根と高さが同じになるように糞堆を積み上げさせた。崔氏の娘は軽紅とともにこれを踏み台として柳生の居宅に入った。柳生は驚き、喜んだが、〔二

人を連れて）城外に逃れることはせず、群賢里に居を移した。……

（巻三四二「華州参軍」、『乾𦠆子』より引用）

とある。崔氏の娘は密会のために垣根を越えて忍び込んだのだが、その踏み台にしたのが「糞堆」であった。六章で参照した『唐両京城坊攷』をみると、柳生の住居があった金城里（坊）は皇城の西側にあり、そこには寺院や高級官僚の邸宅が立ち並んでいた（群賢里（坊）はその南、西市の西）。ここが農地だったなどという記述はなく、墓園や尼寺・邸宅が多数あった。この金城里に「糞堆」があったということは、そこが住民共同の人糞の堆積場だったのだろう。

もう一話、韋訓の話がある。

韋訓は休日に自宅の学問所で『金剛経』を読んでいた。突然、門の外に、身長が三丈（＝九メートル余り）ほどで、緋色のスカートを着けた女性をみた。彼女は垣根を越えて入って来て、当家の家庭教師の髪の毛を引っ張り、地面に引きずり落とした。さらに訓をつかまえたが、彼は『金剛経』を手にもって遮ったため何とか逃れられた。教師は引きずられてとある家まで行ったが、人びとがついて行って叫びたてたので免れることができた。その鬼は「大糞堆」のなかに走りこんだ。……韋訓は村人を率いて糞堆を掘り、深さが数尺のところでぼろぼろの花嫁人形をみつけた。それは緋色のスカート、白い短い上着を着ていた。それを（村の）五叉路で焼いたところ、怪しい事件はなくなった。

（巻三六八「韋訓」、『広異記』より引用）

この話は「鬼」（ここでは怪物の意）を追い払うことができたのは『金剛経』のご利益であったというのが主題である。また鬼と糞堆の関係や人形を村の五叉路で焼いたという点は何か背景がありそうだが、しばらくおく。物語の背景として糞堆が描かれていた。これは深さが数尺あるというから、もし四、五尺だとすれば一・二〜一・五メートルほどである。それだけ深いものであったから、これもおそらく村の共同の人糞堆積場であろう。こうした糞堆はまた糞土ともよばれていたことが次の話から推測できる。

武功県（現陝西省）出身の蘇丕（ひ）は天宝年間（七四二〜七五六年）に楚丘県（現山東省）の長官であった。娘は李氏に嫁いだ。李氏にはもともと寵愛していた婢がおり、この妻をよく思わなかった。婢は術者を探して彼女を害するようなまじないをおこなわせ、桃符（おふだ）を李氏の邸宅の糞土のなかに埋めさせた。さらに一尺余りの綾絹の人形七体を縛り、東の垣根の穴に入れ、泥で隠してみえないようにした。……六体の人形をみつけてすべて燃やしたが、一体だけが逃げ出し、追いかけると糞土のなかに逃げ込んだ。蘇氏は一〇〇人余りの人を率いて糞土を掘ったところ、深さ七、八尺のところで桃符をみつけた。

（巻三六九「蘇丕女」、『広異記』より引用）

ここでも人形(怪物)は「糞土」と関係があったが、それはともかくこの文脈から考えれば糞土は李氏の邸宅の糞堆である。ただこの深さと動員した人数からするとかなり規模が大きく、後述するような肥料の製造所あるいは周辺の住民の共同堆積場だった可能性もある。

別の話ではこの糞堆は糞積とよばれていた。長い話なので必要な部分のみを取り出すと、

……(ある僧侶が不思議な体験をして女の死体に追いかけられた)七、八里奔走して、ある邸宅に着いた。雨はやみ、月がほの明るい。その家に入ると中門の外に小さな建物があり、なかにベッドがあった。ここに潜りこもうとしたとき、身長七尺余りの白刃をもった男が現れ、門から入ってきた。僧侶は怖くなって壁の角に隠れた。男はしばらくベッドに座っていたが、探りたいところがある様子だった。にわかに男は建物の東側に出た。そこにはかねてより糞積があり、それに乗って邸宅のなかをうかがっていた。突然三、四人の女が垣根の端で切々と話しているのが聞こえた。……

(巻一二五「崔無隠」、『博異志』より引用)

とある。この邸宅にも、人が乗ることができて、垣根のなかをのぞける硬さの「糞積」があった。これはこの邸宅専用の人糞堆積場なのであろう。

もう一つ隋代の話がある。開皇一一(五九二)年に上級官庁の次官である趙文昌が突然死したが、生き返ったときに、地獄の閻魔王のもとでの経験を語った。彼が家に帰ることを許されたあ

とのこと、

……南門から出ると、大糞坑のなかに人の頭髪が出ているのをみた。文昌が問うと引率者がいう。「これは秦の将軍の白起である。ここに拘禁されているが、その罪過はいまだ許されていない」と。

（巻一〇二「趙文昌」、『法苑珠林』よりの引用）

とある。この糞坑は閻魔の宮殿の門外にあるもので、もちろん架空の存在である。しかしこれは現世でもあった設備だから、同じように描かれているのだろう。地獄であろうとも、人間が住んでいるところには人糞の堆積場があった。

以上の五話から隋・唐時代に「糞堆」が広く存在していたことが了解できる。さらにこの「糞堆」は大規模なものが多かったが、話題の性質上、大規模なものが描かれただけなのかもしれない。そうしてその硬さと人が上れるという状況から考えて、水分は含んでおらず、また臭気もなかったのではないだろうか。これは北方の乾燥地帯だからこそその人糞処理の結果だったと考えられる。思い返せば、本書六章で富民となった羅会は糞を「ほじくって」（原文は「剔糞」）生活している「鶏屋」だと揶揄されていた。この原文の「剔」を「ほじくる」と訳したが、「えぐる」という解釈もある。彼の作業は人糞の「汲み取り」ではなく、「えぐって」「ほじくって」集めることではなかったのだろうか。これこそ乾燥地帯での人糞収集の方法だった。とするとこの糞堆は乾いた人糞を収集し、土を混ぜて熟成させていたものである。

そうして運搬には「糞車」が使われた。後に河東節度使などとして活躍した馬燧が出世前の貧しかったころ、ある失敗で北京（太原府）から逃げ出さざるを得なくなった。仮住まい先の園吏（御陵の管理役人）に相談したところ、

……園吏が言った。「君は私の言いつけに反してこのように悲惨な事態になった。事が露見す

［参考写真］「土糞の堆積」（キング　第百一図）

れば死刑となるし、私は職務を汚すことはできない」と。そこで馬燧を糞車のなかに載せて城郭から出して逃がした。（巻三五六「馬燧」、『博異記』よりの引用）

という。この糞車には糞を載せて馬燧を隠していたのであろうから、乾燥した糞であった。

ここで話は二〇世紀に飛ぶ。一九一一年に山東省の青島に赴任したドイツ人、W・ワグナーが著わした『中国農書』に混合肥料の調査結果が出ている。その糞尿肥料の項目では、上海や青島の事情を述べた後に次のような記述がある（下巻四九頁）。

一時、すべての排泄物を新鮮な状態で捌くことが出来ないと、それに土を混ぜ土塊状にして乾かして置かれた。この形にされた排泄物は、常によく売れて、高く支払われる商品であった。

ここで注意しておきたいのは「排泄物を新鮮な状態で捌くことが出来ない」場合にこのように処理されるという点である。ただこの項目でワグナーは運河の泥を用いた混合肥料についての記述を主としているので、文章の趣旨からややずれる記述である。排泄物は土や泥と混ぜて乾燥させて売買するものだという、彼の見聞を記しただけかもしれない。しかし本書一・七章で取り上げたF・H・キング著『東亜四千年の農民』には［参考写真］にあげたような「土糞の堆積」が掲載されていた。ワグナーはこれとは別の写真を転載していたが、この写真もみていたはずである。土糞の堆積とは、実際におこなわれていた肥料の製造法であったことが確認できる。これらは本章で取り上げてきた糞堆が二〇世紀はじめまで受け継がれていたことを示している。注目しておきたい事実である。

二——王禎『農書』の肥料論から

前節でみたように小説史料に描かれた「糞」は、人糞と土を混ぜて熟成させた肥料と考えることができた。唐代の肥料はこれが主体だったのであろう。かつて私は『四時纂要』に記された野菜用の肥料を調べたことがあった。それをまとめた表を次ページに掲げる。肥料の大部分は「糞」と表記され、「熟糞」「糞土」などもあった（『唐宋変革期農業社会史研究』）。そのときはこれが肥料一般の意味の「糞」を指すのか、人糞あるいは鳥獣糞を指すのか判断ができなかった。けれども前述のような小説史料の背景を分析することでその実態が人糞であろうという見当はついた。次に視野を広げて肥料一般について考えてみたい。

古代の肥料については米田賢次郎氏が総括的な研究をおこなっている（『中国古代農業技術史研究』）。米田氏は王禎が総括した肥料の種類について検討することから始め、その文献史料上の初出時代を確認した。さらに「混合肥料」（キング『東亜四千年の農民』の原文はcompostで、辞書類では堆肥・積み肥と訳されている）がどの時代から使われていたかを考察した。そこで本節では肥料論で重要な地位を占める王禎『農書』の記述を、段落を区切って読んでみることとしたい（農桑通訣集之三、糞壌篇）。ここには元代までの主な肥料が総括されているものの、先行する農書類を引用する際の方法が杜撰で、理解しにくい部分もある。とりあえず王禎の記事によって当時の肥料一般がどのようなものだったか大枠を考えてみてほしい。

踏糞（とうふん）の法。農家は秋の収穫のあと、作業場に残った藁や刈り株の類をすべて一か所に溜めておき、毎日これを三寸の厚さで牛舎に敷く。一晩経つと牛はこれを踏み、糞尿を出して肥やしになるので、翌朝、これを集めて中庭に積み重ねる。毎日このようにして、春になると車に三〇杯余りの肥やしができる。正月・二月に畑に運んで撒く。一畝の畑に車五杯分を撒

作物名	肥　　料
瓜	糞，牛糞（共に區種法）
瓠	〃，〃（〃）
茄子	〃，〃（〃）
芋	〃，豆萁
蘿蔔	〃
葵	〃，熟糞，糞土
蔓菁	〃
蒜	〃
薤	〃，菉豆（綠肥）
葱	菉豆（綠肥）
韭	糞
薑	〃，蠶沙
蘘荷	〃
苜蓿	〃
署預	糞土，牛糞
大胡蘆	油麻・菉豆藍，爛草，糞土
百合	雞糞
胡荽	熟糞，糞土
朮	糞
菜園一般	菉豆（綠肥）

き、車三〇杯分で合計六畝に撒くことができる。満遍なく広げて犂で耕し、耙をかけると畑は肥沃になり、【あわせて桑を栽培している畝の肥料とする】。

これは『斉民要術』巻頭雑説からの部分的な引用である。巻頭雑説が唐代に書き加えられたことと、その記述内容が北魏より古いかもしれないという点については本書の三章補論で取り上げた。最後の【　】部分は巻頭雑説にはなく、誤字脱字もあると考えられており、その意図がよくわからない。この「踏糞」は牛の糞尿と藁などを牛に踏ませ、発酵させて造るもので、いわゆる廏肥である。牛を使う農業は漢代以前からおこなわれており、この肥料はおそらく北魏以前から使われていたであろう。

次に王禎は「さらに苗糞・草糞・火糞・泥糞の類がある」として、各種肥料について述べる。

苗糞は、『斉民要術』を調べてみると次のように述べられている。「耕地を肥やす方法は菉豆が上で、小豆・胡麻がこれに次ぐ。どれも五・六月に密植して（芽を出して成長したら）七・八月に犂き込む。春にここをアワ畑にすれば一畝当たり一〇石が収穫でき、その効果があることは蚕の糞や熟糞と同じである」と。これは江淮地方より北方での通常の用法である。

これが苗糞であるが、この部分も『斉民要術』（巻一耕田）からの引用である。リョクトウ・アズキとゴマの種子を播いて成長した苗を犂き込むのだから緑肥の一種である。ただマメ科の植物は空中の窒素分を取り込むことができるので、次に出てくる草糞よりは効力が大きい。それが蚕の糞・熟糞と同程度だという。この熟糞について王禎はとくに説明していないが、繰り返すまでもなく人糞を熟成させたものである。次に草糞である。

草糞は草・木が繁茂しているときに刈ったり切り倒したりして畑のなかに埋め込み腐らせたものである。「『礼記』にいう。『仲夏の月に、〔略〕』と。ところがいまの農民たちはこのように伝えられていることを知らない。彼らが抜き取った雑草は農地の外に捨ててしまうのだ。しかも次のことも知らない。その雑草を水田の泥と混ぜて十分にかき混ぜ、それを稲の根元に深く埋め込む。そのようにしてしばらくすれば雑草は腐って〔分解されて〕耕地は肥沃になることを」〔以上、陳旉（ちんふ）『農書』薅耘（こううん）之法篇〕。

江南では三月に雑草が伸びれば刈り取って稲田に踏み込む。毎年このようにすれば地力はいつも旺盛である。〔陳旉〕『農書』〔善其根苗篇〕にいう。「穀物を栽培しようとするならば必ずまず耕地を整備すべきである。腐った藁や木の葉、刈り取って腐らせておいた草の根などを耕地一面にばら撒いて焼けば、耕地は暖まり、そのうえふかふかになる。春の初めには何度も犂をかけ、耙をかける。【穴に入れて覆っておき土壌を肥やす】。ゴマの搾りかすと籾殻は火糞とともに穴に入れて覆っておき、籾殻が腐れば苗代に最適である。かならず十分に混ぜ込み、泥のなかに踏み込んで、水田の表面を平らにしてから種子を播くのがよい」と。

この部分はほとんど陳旉『農書』二か所からの引用である。しかし王禎は何らかの理由で陳旉の名前を出したくなかったらしい。前の引用部分は引用と断ることもなかったし、後の引用部分は陳旉の名だけ出していない（大澤『中国農書・農業史研究』）。またここで陳旉は稲作および稲作用の苗代作りについて述べていたにもかかわらず、王禎は草糞の一般論としたかったようで、本来の引用文と文脈に齟齬が生じている。そのため文意が取りにくくなった部分がある。【　】の箇所はその一例であるし、「火糞」という名称も陳旉独特の用語であるが、何の説明もなく使われている。また陳旉はこの肥料を草糞とはよんでいなかったけれど、王禎はこれを草糞と解していた。ともあれ雑草や木を農地に踏み込んで肥料にするのだからこれも緑肥の一種である。王禎の記事を続けよう。

火糞とは土を積み、草・木とともに積み上げて焼いたものである。土の熱が冷めたら、ローラーで細かくひいて施す。江南は水分が多く土地が冷えているので火糞を用いる。麦や野菜を栽培するのにとりわけ適している。

この部分は王禎の地の文で、ここにいわれる火糞は草・木を土に混ぜて蒸し焼きにしたものである。いわゆる草木灰とおなじものであろう。江南の畑作に適しているとされているので、地域的な肥料を紹介しているのかもしれない。これに関連して次の肥料が紹介される。

さらにあらゆる鳥や獣の毛や羽と皮膚に付着しているものはもっとも栄養分が多く、これを積み上げて肥やしにすれば草・木より優れている。低湿田は水が冷たいので、石灰を肥やしとすれば耕地が暖まり〔作物が〕芽を出しやすい。

ここでは鳥獣の羽毛などを腐らせた肥料と石灰を用いる方法を述べている。前者は鳥獣を捌いて調理したときの残骸で、さほど量が多いとは思われない。また後者の石灰は土壌の改良と害虫の駆除には適しているが、肥料とはいえないだろう。以上の各種肥料を述べた後、王禎は肥料の使い方をさし挟み、さらに人糞の使い方と泥糞について述べる。

そうして耕地を肥やす方法は過不足がなく偏らないのがよい。もしあわてて生の人糞を用い、また施肥量が多すぎると肥力が強すぎて熱を出し、作物を枯れさせてしまう。かえって害になるのだ。人糞の大便は肥力が強く、南方の農家は常に耕地のそばにレンガ製の穴を設けておき、ここで熟成させてから用いる。そうすると農地はたいへん肥える。北方の農家もこれに倣うべきで、利益は一〇倍にもなるであろう。また泥糞がある。クリークなどで船に乗り、竹挟みで青泥を取り、杴（けん）〔＝スコップ状の農具〕で岸の上に放り上げる。〔乾いて〕固まったら土塊にして担いでゆき、大便と混ぜて用いる。通常の肥やしと比べてとても肥力が強い。あるいは小便を注ぎかけてもよいが、生のものはすぐに作物を傷つけることを知っておくべきである。

ここで王禎は人糞を「レンガ製の穴」に入れて熟成させる方法を述べている。これは私が冒頭に述べた「肥溜め」に該当するものである。ただこれは南方の肥料の調整法だったといい、北方でもこれに倣うべきだとする。王禎が南北間の技術交流を勧めた一例であるが、北方では前節にみたように糞堆などで熟成させていたので肥溜めは使っていなかったはずだ。王禎は、なぜかこのことに気がついていなかったようだ。

ここで泥糞の問題が出てくる。米田氏はこれを人糞に混ぜて使うという記事に注目し、これが近代中国でも重要な役割を果たした土糞つまり混合肥料であるとみなした。それはクリークなどの泥と人糞その他の材料を混ぜて発酵させたものである。関連史料を探すと漢代の木簡に後漢・永平七（紀元六四）年の年号が記されたものがあり、そこにクリークから採取する「塊糞」という名称が出ていたという。米田氏はこれこそが土糞の材料ではないかと考え、漢代にすでに混合肥料が製造されていたとするのである。

以上、王禎が述べていた肥料の主なものは、踏肥、緑肥二種、草木灰、人糞（大小便）、クリークなどの泥である。米田氏はさらにこれらがいつ史料上に現れたかを追求した。その結果、秦代より前の記録にあるものは草糞・火糞・人獣糞、漢代に確認されたものは泥糞・蚕の糞であり、『斉民要術』の時代に現れていたのは踏糞・苗糞であった。これらはいずれも存在が確認された時代をあげたのであって、初出の時代を意味するものではない。起源はより古くなる。

これでおおよその肥料のあり方は把握できた。さらに深めるべき問題は、土糞とよばれた混合肥料、つまり発酵・分解が進んだ高度な肥料の製造と使用のあり方である。そこでまず取り上げるべきは陳旉『農書』である。

三――陳旉『農書』の高度な肥料

さきに触れたように王禎は陳旉の名前を出さずに『農書』の記事を引用していた。それは前掲の糞壌篇にことに目立っている。とすれば王禎の無断引用を読むよりも直接陳旉の記述を読む方が話は早い。ここで読んでみよう。まず肥料を製造する設備について、陳旉は次のように述べる（巻上・糞田之宜篇）。

およそ農民の住居のそばには必ず糞屋（ふんおく）を設置すべきである。低い柱を立ててひさしを作り、風や雨が吹き込むのを避ける。いったい肥やしというものは露天にさらしておいて肥力が増すことはない。糞屋のなかには深く池のような穴を掘り、〔穴の周囲や底には〕レンガ・瓦を敷きつめ、〔なかの肥料が〕土中に染みださないようにする。

これが「糞屋」とよぶ肥溜めである。屋根を設け、底や穴の周囲をレンガなどで固めるように求めている。この通りに作ったとすればかなり手間をかけた、しっかりした設備である。陳旉は肥料の重要性を深く認識していた。ではここでどのような肥料を製造するのか。

およそ掃除の際に集めた土や塵芥、〔さまざまな物を〕燃やした後の灰、〔籾摺りのあとの〕風選の際に取り除いた籾殻や秕(しいな)〔＝実が入っていない籾〕、藁くずや落ち葉を積み上げて燃やし、そこに糞尿を注ぎかける。これを長い間積み上げておけば、その多さなど感じることはない〔＝分解されてかさが減る〕。

この肥料を何とよんでいたのかは書かれていない。しかし私が『陳旉農書の研究』で本農書内の肥料の用例を集めて検討した結果、おそらくこれは陳旉が「火糞」とよんでいる肥料の製造法だろうという結論に達した。「火糞」は前掲の王禎も使っていた名称であるが、成分や製造法が異なっている。王禎は土と草・木を蒸し焼きしたものを「火糞」と称していたけれども、陳旉はこれに人糞を加えて発酵・分解させている。その点からみればこの「火糞」は手間暇かけた肥料で、肥効も大きかったと思われる。王禎は陳旉の記述を引用してはいるものの、それらが自分の「火糞」と異なるものだとは考えていなかった。

またこの「火糞」の使い方にもいくつかあり、そのまま施すほかに、別の材料と混ぜあわせて使う場合があった。いずれも苗代用の基肥(もとごえ)であるが、次の三点を記している(巻上・善其根苗篇)。

①ただゴマ油の搾りかすは使いにくい。必ず杵で細かくつき砕き、「火糞」と混ぜあわせて穴に入れて覆っておかねばならない。

②（苗代には）「火糞」とゆでて抜いた豚の毛および穴で腐らせておいた粗めの籾殻がもっとも
よい。

③もしやむを得ず人糞を使うのなら、必ずまず「火糞」と混ぜ、長い間穴に入れて覆ってお
けば、はじめて使えるようになる。

この①③ではゴマ油の搾りかすと人糞という、生のままでは肥効が強すぎる肥料を使う場合の処理方法を述べる。つまり「火糞」と混ぜることで発酵を促し、肥効を緩やかにする処置をおこなうのである。これは陳旉の「火糞」の使い方の特徴である。いわば発酵促進剤の役割である。

この「火糞」について、現代の研究ではアンモニアや窒素分が抜けてゆくという欠点があるといわれている。その主な根拠は池やクリークなどの河泥を使っていないからだとされ、ゆえに高級肥料である混合肥料ではないという。この指摘については『陳旉農書の研究』で前掲ワグナー『中国農書』などをも使って考えてみたところである。確かに混合肥料とは材料が異なり、成分も不十分ではあるが、陳旉の段階でみれば最善の肥料であった。

ところで陳旉は別の箇所でこの河泥に似た材料で作る肥料を述べていた（巻下・種桑之法篇）。それは苧麻（ちょま）の肥料としてすぐれているとみなした「穅槀（こうこう）」の製造法である（王禎はこれも無断で引用しているが）。そこには、

「穅槀」の集め方（＝製造法）。炊事場の流しの下に深く大きい池を掘り、敷き瓦を敷きつめて

〔流した水が〕染みださないようにする。米を臼で搗いて風選するたびに出てくる籾殻、腐敗した藁や葉を集めてその池のなかに漬ける。そこに食器を洗った水と米のとぎ汁を溜め、長く浸しておけば自然と腐敗して浮かび上がってくる。これを一年に三、四度くみ出して苧麻に施す。〔これは苧麻と混植している〕桑をも肥やすことになるので、長く続ければ続けるほどそれらは繁茂する。

とある。この「穅稾」は糞尿を使わないけれども、籾殻などの植物の一部や流し場からの栄養分を含んだ水を腐らせたものであるからクリークなどに沈殿した泥と同じような成分である。苧麻や桑に有効な肥料であった。

このように陳旉『農書』が記録する肥料は、近代の混合肥料には及ばないものの、きわめて高度なものであった。これは陳旉やその周辺で製造していた肥料であろう。陳旉の居住地が湖州であるとする私の考え方が妥当だとすれば、その周辺には農地を堤防で囲んだ圩田・囲田が造成されていたはずである。当然、圩田などの周囲は大小のクリークになっており、その泥が効果的な肥料として利用されるまでに時間はかからなかったはずだ。そうして河泥の利用は明代末期（一七世紀前半）の『沈氏農書』に明確に記されていた。私たちの研究会で取り組んだ、本書の訳注稿をもとに考えてみよう。

四――『沈氏農書』の肥料はいろいろ

『沈氏農書』にはさまざまな肥料の記事がある。そこに「逐月事宜」という毎月の農事メモがまとめられているので、ここから肥料の種類を把握することができる。必要な記事だけを取りだしてみる。

正月　河泥をとる（桑畑・水田用）　アブラナ・ムギに糞汁を施す　蚕の糞を撒く　ゴミを穴に入れる　磨路（まろ）の糞土（＝牛が回す臼のまわりに敷いておいた藁などと牛糞・土を混ぜたもの）を穴に入れる　人糞を買う（蘇・杭州で）　豆泥（＝ダイズの搾りかすと泥を混ぜたもの）を買う（用直鎮（ろくちょく）で）

二月　アブラナに糞汁を施す　河泥をとる（桑畑・水田用）

三月　レンゲの播種用に水田を耕す　桑に糞汁を施す　河泥をとる（桑畑・水田用）

四月　桑にお礼肥を施す（人糞）　レンゲの播種用に再度水田を耕す　桑に糞汁を施す　蚕の糞と蚕の食べ残しの桑の葉を穴に入れる　ソラマメの殻・茎・葉などを穴に入れる　ウリ・ナス・マメに糞汁を施す　人糞を買って桑にお礼肥を施す　牛糞と磨路の糞土を買う（平望県で）

五月　桑に糞汁を施す　ウリ・ナス・マメに糞汁を施す　草泥（＝河泥と雑草・レンゲなどを混ぜたもの）を水田に入れる
八月　河泥をとる　レンゲの種子を播く
九月　河泥をとる　稲稈泥（＝稲わらと泥を混ぜたもの）を運ぶ　牛糞を買う
一〇月　アブラナ・ムギ・ダイコンに糞汁を施す　河泥をとる　牛糞を買う（平望県で）　租窖（＝賃借りしているトイレ）から人糞を買いとる
一一月　河泥をとる　稲稈泥を運ぶ　租窖から人糞を買いとる
一二月　アブラナに糞汁を施す　河泥をとる　灰糞（未詳）を交換する

以上が肥料関連の作業で、さまざまな肥料が使われていたことがわかるが、これらの肥料を大きく区分すれば次の二種類であった。

自家採取・生産肥料：河泥（そのまま撒くか、稲稈泥・草泥を製造する）、緑肥とするレンゲ、蚕の糞、稲わら・ソラマメの殻・ゴミなど
購入肥料：人糞、豆泥、牛糞、磨路

ここで目立っているのは河泥つまりクリークの泥の採取である。四〜七月の四か月以外は毎月の作業とされているし、河泥を使った肥料も記されている。それだけこの圩田地域の立地条件を生かした、重要な肥料となっていた。

このほかに注目すべきは購入肥料である。かつての肥料は基本的に自家生産であったが、ここでは購入肥料も多かった。たとえば正・四月、一〇・一一月の項に記されている人糞は都市部から買ってくる。そのうち一〇・一一月の「租窖」は蘇・杭州など大都市部のトイレを契約しておいて船で人糞を買いに行くのである。その際の注意は「運田地法」第七段に詳細に述べられている。

人糞を買うならば必ず杭州に行け。壩（はい）〔＝水面の高低差を乗り越えるための堰〕を通過するまでに、船が満杯となるほどの人糞を買ってはいけない。五道〔＝所在地未詳〕の手前までで半分ほどを買うようにすべきだ。翌朝、積み荷を門外に運び出して、壩を過ぎたら五、六割熟成の人糞を〔買って〕船に積め。新しい人糞であれば肥効がある。

桑へのお礼肥であれば、小満のころ〔＝新暦の五月二〇日前後〕なので蚕の仕事が忙しい時期だから、近隣の町で坐坑糞〔＝町のトイレの人糞〕を買うだけにし、午前に買いに行って午後に施せばいっそうよい。

ここで人糞を買う場合、その買う場所および買い方を指南している。この文章によれば船で大都市の杭州に出かけ、一泊して帰ってくるようだ。途中には壩があり、それを越えるときに、おそらくは船が傾いて積み荷の人糞が溢れ出すのを心配していた。行き届いた配慮であるが、この糞尿は北方と異なって液状だったようだ。ともあれ人糞を買ってきて肥料にするのだから、沈氏はその肥効を十分に評価していた。

こうして沈氏は多種類の肥料を調達し、桑畑と水田に施していた。この他に、張履祥が『沈氏農書』を補足する意味で著わした『補農書』では、沈氏が使っていなかった肥料についても述べている。ここでそれらを補っておこう。

私が紹興(現浙江省)に行ったとき、かの地ではみな菜餅(=菜種油の搾りかす)を施肥しているのを見た。砕いた菜餅を一畝当たり一〇斤使い、麦が出そろったら株ごとに少しずつ施す。一度雨に遇うごとにその分だけ成長する。わが郷には豆餅屑(=大豆油の搾りかすの屑)を肥料とする者がいるが、この肥効はさらに大きい。麦の種子一升ごとに豆餅屑二升を混ぜ、麦と一緒に点播(=つぼ播き)する方法である。ただし麦の種子は水に浸して芽を出させてから播くのがよい。もし乾燥した状態の麦を播くと豆餅屑の発酵が早く、それとともに麦を腐らせてしまう。(第六段)

ここに述べられているように、紹興では「菜餅」、桐郷では「豆餅屑」を用いていた。これらは購入肥料の代表的なもので肥効の高いものである。このうち清代の大豆粕つまり豆餅の流通と商業的農業に関しては足立啓二氏が詳細な研究をおこなっている(『明清中国の経済構造』)。こうした購入肥料の使用は当時の生産力の高さを支える重要な要素であった。

以上のように、南宋時代にほぼ同じ地域で農業をおこなっていた陳旉の段階と比べると、クリークの泥の利用、購入肥料の活用など飛躍的な進歩をみせていた。江南とくに太湖デルタの肥料技術はこの段階にまで達していた。ただ、ここにみてきたのは太湖デルタ地域に限定された技術であった。江南でも他の地域や北方の畑作地域ではまた別の肥料技術があった。しかし、ここで紹介するにはあまりにも膨大な史料と研究を取り上げねばならない。もし肥料問題に興味をもたれた方がおられたら、ぜひ取り上げてほしいと思う。

おわりに

本章では『斉民要術』以降の肥料技術についてきわめて大まかに見渡してきた。おもに肥料の種類から技術の発達とその方向性、つまり前近代における肥料の高度化とその到達点をみてきただけだが、農業生産の発展を支える肥料の歴史は認識していただけただろうか。またこの世界は小論の紙幅ではまったく紹介しきれないものだということにもお気づきになられたと思う。また排泄物の利用などという、通常の中国史とはあまりにも異なる視点に面食らった方もおられたかもしれない。けれども排泄物は人間と自然との循環構造に必須の要素である。この行方を追いかけることで循環構造が完結したことになるのだ。前近代の農業はこのように循環することによって自然環境を維持してきた。人間の農の営みは地球と共生する生き方である。いまの農業はいうまでもなく略奪農業であり、化学肥料をはじめとする工業製品を用いて生産効率を追究してきた。そうした工業製品が産業全般を覆い尽くした結果、いまや温暖化を越える「沸騰」化に直面することになった。もちろんこうした肥料技術の発達は産業全体からみればきわめてわずかなものであり、これによって農業生産活動を全否定することなどできるはずがない。けれども現在の時点で、たとえば現代農業あるいは肥料の行方を吟味することは、この時代に生きる私たちに課せられた大きな宿題ではないだろうか。

【参考文献】

中林広一「読む・見る・聞く・書く・触れる――総論にかえて」（大澤正昭・中林広一編『春耕のとき　中国農業史研究からの出発』汲古書院、二〇一五年）
W・ワグナー著、高山洋吉訳『中国農書』刀江書院、一九七二年
F・H・キング著、杉本俊朗訳『東亜四千年の農民』栗田書店、一九四四年
大澤正昭『陳旉農書の研究　12世紀東アジア稲作の到達点』農山漁村文化協会、一九九三年
同『唐宋変革期農業社会史研究』汲古書院、一九九六年
同『中国農書・農業史研究』汲古書院、二〇二四年
米田賢次郎「中国古代の肥料について」『中国古代農業技術史研究』（同朋舎、一九八九年）所収、初出一九六三年。
大澤正昭・村上陽子・大川裕子・酒井駿多「『補農書』（含『沈氏農書』）試釈」（一）～（三・完）（『上智史学』六二～六四号、二〇一七～一九年）
足立啓二『明清中国の経済構造』（第二部第四章）汲古書院、二〇一二年

終章

農業は永遠（とわ）に続く

はじめに

前章まで中国農業史にかかわるいくつかの問題をとりあげ、主な農書や小説史料などに語ってもらった。農業の技術をめぐる話題が中心だったが、その歴史的な発展の様相をご理解いただけたと思う。こうした農業の技術を考え、工夫し、発達させてきたのはいうまでもなく人間だし、農を生業とする農家である。そうして農業の技術は農家によって実践される。この農家の歴史的なあり方を紹介するのが本章の課題であり、それは本書の結論の意味ももっている。

中国史上、広い意味での農家は社会の圧倒的部分を占めてきた。これをかつては在地社会とよんでいたが、言葉の意味が通りにくくなっているので、最近では基層社会とよぶことが多い。「基層」は中国語でよく使われており、基層単位・基層組織・基層幹部などという使い方をする。基盤となる存在を指す言葉である。この基層社会は一般庶民の生活の場であり、国家の基盤である。そうして歴史は基層社会をふまえて展開してきた。したがって私たちが農家を研究することはこの基層社会の主要な構成要素を研究することにつながり、歴史学にとって不可欠の研究分野である。

これまでの研究でも中国の基層社会の特質が指摘されてきた。古くは孫文が嘆いた、中国人は「散沙」つまりバラバラの砂だという指摘である。現代の中国人はこれを「中国人は一人一人は龍だが集団では豚。日本人はその逆だ」ということわざで表現している。中国人は個人では強いが団結ができない、日本人は集団では強いが個人では弱い、というのだ。日本人の一人として振り返ると、これはかなり本質を突いた指摘だと思う。日本人はいわゆるムラ社会のなかで生きてきたため、自分の周囲に気兼ねして自己主張をせず、まわりの動きに合わせようとする。しかし中国人は周囲を気にせずはっきり自己主張をし、ときには〈利己〉主張になる。このどちらがよいのかなどという問題ではない。こうした基層社会における人間関係つまり行動様式の違いは双方の歴史過程がもたらした特質であり、いわば固有の文化である。とくに戦後の中国史学の研究では、中国には村落共同体が形成されなかったという点が確認されてきた。この特質は日本人にとっては理解しにくい問題である。たとえば共同体がなくて田植などの農作業ができるのかという疑問が出される。この点は一章で述べた通りである。共同体で田植に取り組まなくても農家各自が自己裁量で労働力を手配すればよいだけのことだ。相応の対価を支払ってもよいし、労働力を交換しあってもよい。それらの選択は各農家の裁量にゆだねられていた。こうした中国の基層社会はどのようにして生み出されてきたのか、またそれを基盤とする国家はどのような影響を受けたのかなどの諸問題は今後の研究課題である。ただ基層社会を構成する主要部分は農家すなわち農業経営であり、そのあり方から基層社会を考えることもできる。そのためにはまず農業経営の歴史を確認しておかねばならない。

だが歴史上の農民は、官僚・知識人によって差別され、〈愚民〉と称して善導すべき対象とされてきた。そうして官僚たちは統治政策の対象として農民を論じるだけで、個別農家の実態などにはほとんど興味をもたなかった。このため農家や基層社会の史料はあまり残されておらず、この分野の研究は当初から困難を抱えていた。とはいえ史料がないわけではない。ことに唐から宋の変動期以降はわずかながらではあるが、史料が残されている。あとはそれらを読みこなそうという問題意識があるかどうかだけである。歴史研究者が扱う史料の大部分は国家の政治や経済にかかわるものである以上、研究者の意識もかつての知識人・官僚にからめとられることがある。その誘惑を突き放し、大地に足をつけた視座から歴史を研究するのは農業史の醍醐味でもある。本書のまとめとして、こうした史料的限界に挑戦し、農家の歴史を垣間見たいのである。そこから中国の基層社会をとらえる端緒もみえてくると思われる。

一——農業経営・農民と家族

かつての世界史教科書の唐宋時代の社会という項目では、この時代の変化について次のように説明されていた。北魏から隋・唐の均田制によって土地が均等に支給され、いわゆる均田小農民が生み出された。彼らは唐から宋への過程で新興の大土地所有者・地主と佃戸に両極分解し、宋代の地主―佃戸制が形成された。この地主の所有地が荘園であり、中国の中世社会が始まるのである、などと。現在の教科書ではこうした説明はなくなっているものの、均田制による「土地の支給」や「大土地所有の進行」という言葉は生きている。しかしこれは土地をどれだけもっているかという視点での説明であり、土地所有の歴史ではあっても農家・農業経営の歴史ではなかった。では農業経営の視点からいえばどうなるのだろうか。

まず確認したいのは、土地所有者は必ずしも農業経営者ではないという点である。官僚や商人が投機目的で土地を買い集めている場合もある。そうして所有地をすべて他人の労働にゆだねて経営している場合、たとえば農業生産の過程すべてを隷属民の労働に任せている場合や所有地すべてを小作に出している場合は本章で取り上げる対象ではない。だが所有地があり、そこで隷属民や小作人あるいはマネージャーを直接指導して農業をおこなっていれば地主経営である。さらにみずからも労働に参加し、労働者を指揮している場合は手作り地主経営（富農経営ともいう）である。また小規模な土地所有者で、基本的に家族のみで自立経営している場合は小農民経営である。ほとんど土地をもっていなければ零細経営あるいは小作人・農業労働者である。だが小農民経営と零細経営などの区別はむつかしい。小農民はその経営規模に応じて地主の小作人になることもあるし、零細経営は自立できずに地主に隷属する場合も多い。かつてはこの小作人や零細経営を史料用語の「佃戸」と解釈していたが、これは「佃戸」の多様性を無視する見解であった。実際の農業経営にかんする史料を読むと、こうした厳密な区別ができるだけの事実がわかる記事は少ない。それゆえ以下に取り上げるのは手作り地主経営と小農民経営のみに絞らざるを得ない。

次に農業経営の中核をなす家族の規模を確認しておきたい。さきの拙著『妻と娘の唐宋時代』でも取り上げたのでその検討結果だけをみると、唐宋時代の平均的な家族像は、二世代の小家族つまり核家族が主体で、三世代以上の家族と複数の家族からなる大家族は少数であった。

この数値は小説史料から得られたもので、実際の数値より少ない。けれども唐宋時代の家族規模は歴代統計の四〜八人とほぼ同じだった。このような家族は古来「五口（ごこう）の家」と表現されている小家族である。もちろん大家族もあったが、全体からみればわずかなものであった。ここで子供の性別内訳をみると、唐代と宋代の間にかなりアンバランスが強まっていたことに気付く。この背景には相続における男子優先の理念など複雑な要因があった。この問題については前掲拙著の終章で論じたので、興味のある方はご覧ください。

唐代	上流階層 （官僚や富裕層）	＝1家族平均	4.8人、子供2.6人（男1.5人、女0.8人）
	庶民階層	＝同上	3.6人、子供1.4人（男0.9人、女0.3人）
宋代	上流階層 （官僚や富裕層）	＝同上	4.8人、子供2.1人（男1.6人、女0.4人）
	庶民階層	＝同上	3.7人、子供1.4人（男1.0人、女0.2人）

こうして農業経営をおこなっている家族と労働者の構成をみると、次のようになる。夫婦・老親・子供・妾の家族のほかに、大規模な経営では婢・僕などとよばれる家内労働者、幹僕などとよばれるマネージャー、そうして長期・短期雇用の農業労働者および小作人がいた。この農業労働者・小作人は歴史的存在であり、唐代以前は荘客・佃僕などとよばれる隷属労働者が多かった。唐代の身分制規定に従えば彼らは賤民身分の部曲（ぶきょく）・客女および私奴婢である。しかし宋代になると身分制は廃止されたのでこうした賤民身分は原則としてなくなった（現実には賤民と同じような労働者がいたけれど）。農業の現場でも荘客などの隷属民はなくなり、小作人として地主と契約を結ぶ労働者が多くなった。それは本書でみてきた農業生産力——土地生産性・労働生産性の発展がもたらした農業経営の変化である。

以上の諸点を前提として農業経営の歴史的動向をみてゆくこととする。ただ私のこれまでの研究分野の狭さから唐宋時代が中心とならざるをえない。だができるだけ前後の時代にも視野を広げて歴史的な見通しを立ててみたいと思う。まずは唐代の農業経営からはじめよう。

二——唐代江南の農業経営——陸亀蒙の荘園など

唐代には小農民経営に関する史料はほとんどないが、規模の大きい農家経営、つまり荘園経営の事例がいくつかある。その代表的事例が四章で利用した『耒耜経』の著者、陸亀蒙の荘園経営である。この荘園については北田英人氏の詳細な研究がある（「九世紀江南の陸亀蒙の荘園」）。史料の問題も指摘されているが、本章では記述内容の検討に焦点をあてることにする。

さて、陸氏は手作り地主で、自分の身のまわりの事実をこまめに記録し、叙景詩を書いていた。その一篇の記録が「甫里先生伝」である。彼は唐代末期に蘇州の甫里（松江のほとり、現在の観光地・甪直古鎮）に居住し、甫里先生と自称していた。その生活の舞台は以下のようなものだった。

> 甫里先生の出身地はどこかわからない。人びとは彼が甫里で農業をおこなっているのをみてそうよんでいた。……先生の居住地には畑が数畝、建物が三〇棟、水田が一〇万歩（原注：呉の水田一畝は二五〇歩）ほどあり、牛は蹄四〇本にあたるだけおり、農夫は指一〇〇本を下らないだけいる。そうして水田は低湿地にあり、夏に一昼夜雨が降ると松江と通じてしまい、他人の水田と区別がつかなくなる。先生はこのため飢えに苦しみ、倉にはわずかばかりの米の

蓄えもなかった。そこでみずからもっこ〔＝土を運ぶための、縄などで編んだ網状の用具〕や農具の鋤をかつぎ、農夫を率いて太湖の溢水への対策をおこなった。毎年太湖の波が荒れ狂っても、わが堤防を越えられず、わが稲を溺れさせないようにした。……先生は茶をたしなみ、顧渚山のふもとに茶園を置いていた。毎年茶園の小作料〔茶葉〕十数薄が手に入り、……

（『笠澤叢書』甲）

これが彼の居住地と農園の全体像である。数畝の畑では野菜や桑・麻を栽培していたであろうが、とくに水田が呉の四〇〇畝（当時の標準的度量衡では一畝＝二四〇歩なので四一七畝、約二四ヘクタール）あり、低湿田ではあったが生計を支える主体であった。また五章のお茶の問題で取り上げた、茶園からの小作料収入（おそらく茶葉の現物）があった。

この荘園では農夫が牛を使って農作業をしていた。文中では蹄や指で数える表現を用いているが、牛が一〇頭、農夫が一〇人余り働いており、四章で詳しくみたような長床犂と耙・ローラーを使って低湿田で稲作をおこなっていた。だが大水の被害を受けやすく、収穫量は少なかったという。「飢えに苦しみ」という言葉は誇張した表現で、経営を維持できるくらいの収入はあったのだろう。こうした農地のあり方は別の文章「迎潮送潮辞并序」（『笠澤叢書』丙）にも記されている。

私が農業をおこなっているところは松江〔の傍〕であり、江の南側に陋屋がある。門の外に水路が通っており、海に通じているので朝夕の潮がやってくる。雨が降らない年には〔水車を〕軋らせて〔水を揚げ〕、掃除・洗濯や灌漑に用いる。自然物のはたらきはきわめて偉大なものである。……

この当時、現在の上海中心部から東側には町はもちろん陸地もなく、まだ海だった。そうして蘇州の東に位置する甫里のそばには太湖から海へ流れ出る松江があった。この川は潮の満ち引きによる潮位の変化を反映していた。具体的にいえば、満潮のときは太湖から流れ出そうとする淡水を海水が押し戻すので、甫里近辺では比重が軽い淡水が海水の上に乗っていることになる。これを汲み上げることで掃除・洗濯や水田の灌漑ができたのだ。自然の巧みな働きだと、彼は感謝していた。けれどもそれは雨量が少ない年のことで、干害を乗り越える手段のひとつであった。逆に雨量が多い年には水が溢れたので被害に遭った。そのため毎年の収穫量は安定せず、陸氏は「わずかばかりの米の蓄えも」ないと嘆いたのである。こうした問題を解決するために、当時の太湖デルタ地区では農地を堤防で囲んだ圩田（囲田ともいう）を造成する動きが広がっていた。陸氏はみずから「もっこ」をかついで、とりあえずは堤防工事に励んでいた。ただ彼が圩田を造成していた記録はないので圩田の造成にまでは踏みだしていなかったのであろう。

他方、陸氏は近隣の農家風景について次のような詩句を残している。

四隣多クハ是レ老農家、百樹ハ維ダ桑、半頃ハ麻、
尽ナ晴明ヲ趁イテ網架ヲ修メ、煙雨ニ和ム毎ニ繰車ヲ掉ウ、

（『唐甫里先生文集』巻九「和夏初襲美見訪題小齋韻」）

大意：周囲の多くは老練の農家、その荘園の木々は桑ばかりで、畑には麻。みんな晴天の日を待って蚕網や蚕架を繕い、煙雨の日には繰車を回す。

この詩句の意味をもう少し詳しくいえば、次のようになる。陸氏の周囲の多くはベテラン農家で、植えてある木といえば桑、畑に育てているのは麻である。晴れた日には蚕を飼うための蚕網や蚕架を修理し、雨に煙る日には繰車（糸繰り車）をまわしている、と。この蚕網・蚕架・繰車は王禎『農書』（農器図譜集之十六・蠶繅門）に紹介されている養蚕用具である。つまり周囲の農家は畑で桑・麻の衣料作物を育て、絹・麻織物を織っていた。おそらく稲作もおこなっていたと思われるが、そこには触れていない。後述するように、この地域では宋代以後、桑栽培と養蚕が急速に盛んになる。陸氏は桑を栽培したとは書いていないが、周囲ではその動きがすでに現れていたのである。これが太湖デルタ地域の農村事情である。

ともあれ陸氏の荘園経営とその周囲の事情は理解できた。では彼の家族や家計の現状がどのようなものだったかといえば、また別の文章がある。

わが家は大人・子供あわせて二〇人で毎月米一〇石を食べ、飯を炊き、魚と青物を調理する薪を消費するが、それだけである。四季の賓客やお祭り、沐浴と洗濯、病気のときの薬代やお粥を除いて、毎年五〇〇〇束の薪があれば十分である。そうした薪を管理してもってきてくれるなど、〔わが家の〕面倒をみてくれるのは小雞山（しょうけいざん）のかの樵人（きこり）である。……

（『笠澤叢書』丙「送小雞山樵甿序」）

「わが家」の二〇人とは、家族のほかに、農夫一〇人余りと召使などこの荘園に暮らす人の概数だろう。ここから推計すると陸氏の家族は六〜七人ほどで老親・夫婦・子供からなり、もしかすると老親ではなく親族を含んでいたかもしれない。そこでこの家の米の消費量一〇石について考えてみよう。一般に、成人一人一日あたり二升（一升は〇・六リットルほど）を消費するといわれているので、月に六斗になる。二〇人全員が大人だったとすると月に一二石である。ここに子供が数人含まれていて、大人の半量を消費していたとすれば、全体で一〇石ほどの計算になる。陸氏のいう一〇石という数値はだいたい信用できるようである。彼らの生活を支える燃料が五〇〇〇束の薪であり、それを供給したのが、陸氏に筆を執らせた一人の樵人だった。

こうして陸氏の荘園の経営状況がわかる。まず水田四〇〇畝（＝四頃）余りという経営面積はかなり広いようにみえるが、牛一頭当たりにすれば四〇畝で、これは当時の小農民経営に匹敵する規模である。ただ低湿田という立地条件の悪さを加味すると粗放な経営にならざるを得ない。その収量は多くはなかった。
労働力についていえば、「農夫」と訳した原文は「耕夫」である。他の荘園では「荘客」などと称していることが多く、荘園内に居住して地主に依存した生活を送っているのが一般的な形態である。陸氏は彼らを「耕夫」と表現しているので、彼らはより自立性の高い農民だったのかもしれない。これまでの研究で指摘されてきたような、隷属民から小作人や自作農への自立の動きとしてとらえられるのである。

以上のように陸氏の荘園は実在した手作り地主の経営であった。ここまで経営実態がわかる史料は他にない。しかし小説史料にはいくつかの荘園経営をうかがわせる記事があった。その一つをあげてみよう。荘園主の私産が記された、次のような話である。

咸通年間（八六〇～八七三年）の初め、天水地方（現陝西省）出身の趙和という人がいた。常州江陰県（現江蘇省）の長官に任じられていたとき、すぐれて簡潔に裁判の判決を下すことで名を馳せていた。……ときに楚州淮陰県（現江蘇省）に隣り合う二人の荘園主がおり、東隣の荘園主は豊年で財産を増やした。彼は肥えた土地数百畝を開拓しようとしたが、資金が足りず、土地の権利書を抵当にして西隣の荘園主から百万緡（たがく）の銭を借りた。……（この借金の一部を返したかどうかで裁判になり、趙和が裁いた。彼は一計を案じて西隣の主を拘留し、自分の財産を陳述させる運びとなった）……西隣の主はとうとう自分が貯えている財産を詳しく陳述することになった。また東隣の主が趙和に訴え出ていることなど考えもしなかった。陳述内容は以下の通りである。「稲が若干斗、これは荘客某甲などが納入してきたもの。絹織物が若干疋、これはわが家で織ったもの。銭が若干貫、これは東隣の主が契約に従ってもってきたもの。銀の器が若干点、これは工匠の某が製作したもの」と。これを聞いて趙和は大いに喜び、……

（『太平広記』巻一七二「趙和」、『唐闕史』から）

これはいわゆる名裁判の話なので筋を追って読まなければおもしろくないが、小論の都合上、必要な部分のみを取り上げてみた。最後の記述の「東隣の主が契約に従ってもってきたもの」という陳述で西隣の主のごまかしが明らかになったのである。彼の経営では「荘客」を使って稲作をおこない、家内では絹織物を生産していたのだから、桑の木も栽培していたであろう。

この話の舞台は淮水以南の長江下流域で、陸氏の蘇州と同じ稲作地帯であった。また東隣の主が開拓しようとした「土地数百畝」は、陸氏の荘園とあまり変わりがない面積である。「開拓」の内実が気になるが、唐末の戦乱による荒廃からの復興かもしれないし、圩田のような低湿地の開発かもしれない。この辺には同じような規模の荘園がたくさんあったとみてよい。これが小説史料に記された大規模な農業経営の例である。では小農民経営はどうであろうか。

三――小農民の事例――農業と養蚕

この点に関連しては長井千秋氏が南宋の史料を網羅し、それらの分析をおこなっている（「南宋時代の小農民経営再考」）。そこでは経営規模、土地の肥沃度、面積当たり収穫量などの数値があげられていて小農民経営の全体像が理解できる。ただ小論が目指すのは農業経営の具体像であり、少々視点が異なっている。以下、唐宋時代の史料をみてゆきたい。

まず、前掲の拙著『妻と娘の唐宋時代』で紹介した賀氏の例である。

兗州（現山東省）に民家の嫁、賀氏がいた。村の人は彼女を織女とよんだ。義父母は農業をおこない、夫は担ぎ売りをして町と村を往復していた。……（夫は）その稼ぎで他所に別の女を囲い、家には一銭も入れなかった。……その姑は老いて病み、寒さと飢えが迫っていた。嫁は他家の機織りに雇われ、雇い賃はすべて姑に差し出し、自分は寒さに凍え、飢えていた。……

（『太平広記』巻二七一「賀氏」、『玉堂閒話』より）

これは二世代四人家族の貧困な小農民のエピソードであるが、義父母の農業と賀氏の賃機織りでようやく生活を維持していた。彼女らが住んでいた兗州は当時の絹織物の先進地であった。それは宋代にも継承されていた。北宋・秦観（一〇四九〜一一〇〇年）の著書『蚕書』の次の記事からもうかがうことができる。この本は養蚕・糸繰り方法を叙述した農書の一種である。

『書経』の禹貢篇には……とあり、天下の養蚕は兗州が最たるものなのだ。私は済河のあたりを旅行したとき、養蚕家が作業の段取りを相談しているのをみた。ある婦人が養蚕に従事していないことを、近隣の者がみな罵っていた。ゆえに兗州の人を「蚕師」とすべきことを知ったのである。

このように秦観は自分の見聞をもとにこの本を書いた。ここに書かれている「蚕師」とは養蚕農家の模範といった意味である。養蚕の先進地である兗州では、隣近所をあげて刺激し合いながら養蚕に励んでいた。この地の北方や西方、つまり河北・河南地域は唐代からすぐれた絹織物の産出地として知られていた。税制でいう調として徴収される絹織物のランキングが残されており、そこから把握できる事実である。それはこれらの地域が養蚕の先進地であったという意味でもある。

参考までに唐代の絹織物の産地による等級を表した地図を掲げておきたい。これは松井秀一氏が『大唐六典』（唐代の官僚制について記した本。七三八年成立）によって作成したものである（「唐代における蚕桑の地域性について」)。地図上で網目の密度が濃くなっている地域は河南省北部・河北省南部・山東省西部で、ここが高級絹織物の産地、つまり養蚕・絹織物の先進地であった。前掲の兗州は濃い網目の東北端近くである。

ともあれ、賀氏の話に描かれたように、小説史料に登場する小農民は農業と養蚕の二本立てで生計を維持している例が目立つ。これは偶然かもしれないけれど、当時の養蚕に対する人びとの視線が変わりつつあったことを反映していたとみることができる。そうした養蚕に関連して、

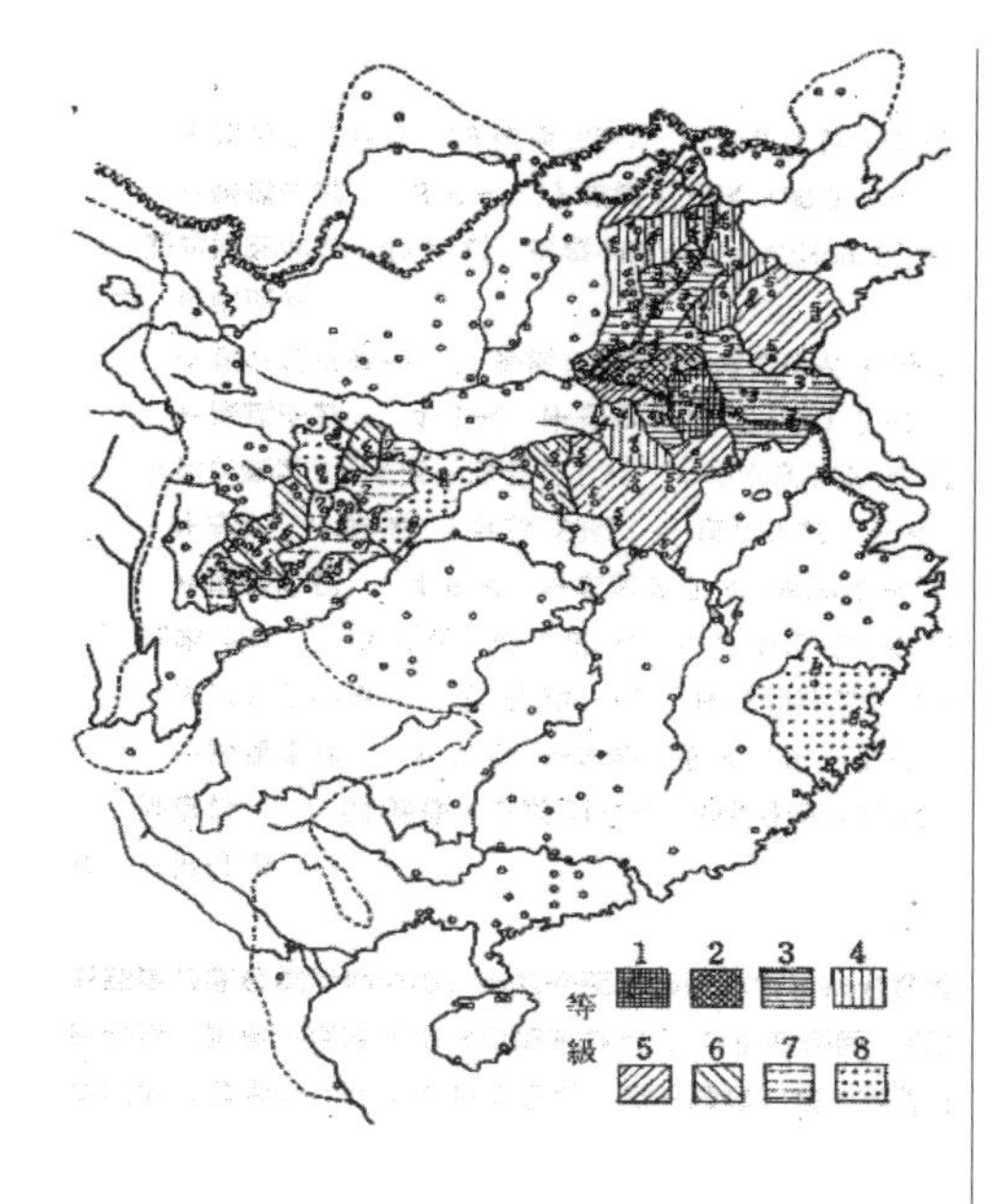

次のような農家の話がある。

唐の咸通庚寅の歳（八七〇年）、洛陽は大飢饉で、穀物の価格は騰貴し、餓死した民が溝に倒れているありさまであった。養蚕の繁忙期になると桑の葉の多くは害虫に食われ、葉一斤は一鍰（銭の重さの単位か？）の価格となった。新安県（現河南省）慈澗店北村の王公直なる民は桑数十株をもっていたが、それらはとくに繁茂していた。公直は妻と相談していうに「このような大飢饉で家には食糧がなくなってしまった。養蚕に力を入れていても、それがうまくいくかどうかはわからない。私の考えでは蚕を捨て、葉が高価なのに乗じて売り払うに越したことはない。銭を一〇万も手に入れ、一か月分の食糧を蓄えておけば、麦の収穫期につながるのだ。餓死するよりもはるかにましなことだ」と。妻は「いいでしょう」といった。そこで鍤（＝スコップ状の農具）で地面に穴を掘り、蚕数箔を巻いて埋めた。翌日の朝、（王公直は）桑の葉を担いで洛陽の市場に行って売り、銭三〇〇〇文を得た。……

（『太平広記』巻一三三「王公直」、『三水小牘』より）

これは絹織物の先進地である河南省の養蚕兼業農民・王公直夫婦の話である。この年の四月ころであろう、養蚕作業の繁忙期に貯蔵していた穀物が底をつき始め、飢饉が迫っていた。この時期はいわゆる端境期で、もうひと月ほどで麦の収穫期を迎える。そこで王公直は何とかしてこの危機を乗り越える方策を探った。そうして彼が考えた方法は、自分の育てている蚕を棄て、価格が騰貴している桑の葉を売るという選択だった。この選択の結末は、棄てられた蚕のたたりによって王氏一家が破滅したというのである。それはともかく、ここに登場する王氏一家は夫婦二人だけで経営している小農民である。桑の栽培と養蚕を主体に、麦も栽培する農家で、この地域の典型的な小農民経営であった。

以上は唐代の小農民の実態がある程度わかる史料の一例である。このほかに断片的な史料はあるものの、小農民経営を描いた事例がみつからない。そこで宋代の小説史料に眼を転じると、いくつかの興味深い史料がみつかった。

四――宋代の小農民と養蚕――『夷堅志』から

唐代の小農民の事例と共通する史料は、やはり南宋の小説史料、洪邁（こうまい）著『夷堅志（いけんし）』に引き継がれている。この史料は宋代の志怪（怪を志（しる）す）小説のひとつで、南宋の著名な知識人・洪邁が知人などからの聞き書きをまとめたものである。話の主題の多くはこの世とあの世の関わり合いなどで、近代的な発想からはあり得ない事柄を記している。ただ当時の人びとにとっては身近な〈事実〉なのであった。ここでは話の主題そのものを論じるのが目的ではない。話の背景などに描かれたこの世の事情に魅かれるのである。まず養蚕農家に関連する三つの話を紹介しよう。

A　林𩨛（い）がいった。「紹興六（一一三六）年、常州江陰県（現江蘇省）に仮住まいしていた時、淮水流域では桑の葉の価格が高騰していた。ある村民が長江河口の中洲に住んでおり、そこは泰州如皐（じょこう）県（現江蘇省）にきわめて近かった。数十箔の蚕を育てており、妻・息子と相談していうに、『私は近年養蚕をしているが、費用はとても多くかかっている。所得を計算すると収支が引き合わない。そのうえ時間と労力を空費したことにもなるので、すべて捨ててしまうに越したことはない。手持ちの葉を運んで如皐県城で売れば、労働は三日を越えないのに大きな利益が手に入るし、不利益はない』と。妻・息子はその通りだと思った。……」と。この事は『三水小牘』に載せられた王公直の話と似ている。

（『夷堅甲志』巻五「江陰民」）

B　乾道八（一一七二）年、信州（現江西省）では桑の葉の価格がにわかに高騰し、一斤の価格は一〇〇〇銭となった。沙渓鎮の民・張六翁は桑の葉一〇〇〇斤をもっており、育てている蚕は再眠の時期にあった（注）。にわかに利益を貪ろうとする心が起こり、その妻と息子の嫁に告げていうには、「わが家の手持ちの葉で蚕を育てるには、なお葉の量の半分ほどが足りない。今の価格が続くならいくら銭があっても買うことができない。もし蚕が繭を作らなかったらどうしようもなくなる。どうしたらよいのか。いますべての蚕を河に投げ捨て、葉を摘んで売りに出せば、銭はたちどころにいくらでも手に入るだけでなく、養蚕の手間がいらなくなるのだ」と。翁はもとより強健で乱暴であったので、妻はあえて反対しなかった。そこで妻はひそかに嫁と相談した。一日蚕をみな殺してしまうと、来年は蚕の卵を手に入れにくくなることを恐れたのである。そこで二枚の箕（＝ザルのような、蚕を育てる容器）の蚕だけを留め、嫁のベッドの下に隠した。……嫁は急いで逃げ出し、桑林に行って首をくくって死んだ。……

（注）：蚕は繭を作るまでに三、四回休眠するが、その二回目。

（『夷堅丁志』巻六「張翁殺蠶」）

C　淳熙一四（一一八七）年、予章（現江西省南昌地域）では養蚕がにわかに盛んになり、桑の葉の価格は平常時の数十倍になった。ある農民などは飼っている蚕の量が多くて育てられないことを憂い、家をあげてみな蚕室で哭き、僧侶に頼んでお経をあげてもらって蚕を河に流すほどだった。……ただ南昌県〔現江西省〕忠孝郷の民・胡二だけは、桑の葉に余裕があり、蚕に食べさせるに充分であった。葉を売って大きな利益を得ようと決め、妻に蚕を埋めたいと相談した。妻は反対したが、胡は顧みず、その息子をよんで農具の鉏で、桑の根元に穴を掘らせて、蚕をすべてそこに埋めた。そのうえで夜明けに葉を摘んで市場に行くことを約束した。……

（『夷堅支景志』巻七「南昌胡氏蠶」）

以上の三話いずれも、育てていた蚕を殺したためにその報いを受けたというストーリーになっている。前にあげた王公直の話と同じパターンである。類似の話が三話、王公直も含めれば四話が小説史料に記されているのは興味深いが、それなりの理由があると思われる。ここで思いつくのは、養蚕という従来の江南では重視されていなかった分野の仕事が流行し、農家の経営方法が変化していたという背景の存在である。おそらくこの仕事の収益が大きく、その成否が注目されていたのであろう。また、蚕という、これまで江南ではなじみがなく、貴重な絹を生み出す生物を、畏れをもって見つめていたのかもしれない。それゆえ、止むを得ない事情とはいえ、それらを殺した場合の報いがことさら取りざたされていたのではなかったか。ともあれ王公直の話も含む四話について考えてみよう。

まず各話の年代と舞台となった地域の問題である。王公直の話は唐末の洛陽近辺である。ここは唐代前期以来の養蚕の先進地であり、賀氏の居住地兗州の近くでもあった。この先進的な養蚕は北宋になっても継承され、秦観の『蚕書』に記されていた。その続きは南宋の三話になる。Aは王公直と同じパターンであったが、その舞台は長江下流域に移っていた。王公直の話が混線して伝わった可能性もあるが、養蚕の流行が江南に拡大していったという、これまでの研究成果からみて、別の話とみなしてよいだろう。そうしてCでは「養蚕がにわかに盛んになり」といわれているので、Aの趨勢の延長上にCがあったことになる。Bは時間・空間ともに両者の中間にあった。こうして時代と地域の変遷は以下のようにまとめられる。

唐代前半の先進地域＝唐末・洛陽の王公直＝北宋の兗州→A一一三六年の長江下流→B一一七二年の信州→C一一八七年の南昌県

参考までにこれを地図上に落とせば［桑栽培・養蚕関連地図］のようになる。史料は少ないもののいわば「養蚕普及前線」の動きが浮かび上がってくるようだ。

そのうえで四話からみえてくる特徴をまとめてみよう。

①四話の家族構成

王公直：夫と妻　A：夫と妻と息子　B：夫と妻と嫁(息子の妻)　C：夫と妻と息子

いずれも一〜二世代の小家族であり、とくに全話に妻・嫁が登場している点に注目したい。前近代の農家は家父長制の経営であるから、妻・嫁は従属的立場にあったはずであり、蚕の処分も夫の独断でできたはずである。にもかかわらず相談に乗っている妻・嫁の存在が書かれているのだ。実はこの背景には「男耕女織」の理念があったことを知っておく必要がある。中国古代以来の、男性は農業、女性は衣料を作るという性別分業の理念があった。したがって家族内の女性は桑や麻を育てて織物を織るのが重要な任務であった。その延長上で、実質的な桑の木の所有権・管理権が女性に与えられていたとみられるのである。この点は後に詳しく述べる。

②養蚕を始めた時期

王公直：不明　A：「近年養蚕をしている」　B：不明だが、来年の卵の心配をしているので相応の経験あり　C：「養蚕がにわかに盛んにな」った

王公直は唐代の絹織物の先進地に住んでいたので、以前から桑を育て養蚕をおこなっていただろう。しかしAとCは養蚕を始めたばかりだった様子がうかがえる。とすると、それ以前は稲作などの農業をおこなっていたとみられ、この話の時点でも稲作などを続けていた可能性が高い。というのは、養蚕は四月ころの一か月が繁忙期で、それ以外の時期は夏蚕（なつこ）を育てる、桑の木の手入れをするなどの作業しかない。したがって稲作と養蚕を兼ねるのはきわめて自然なあり方になる。つまり農業経営内で新たに養蚕部門を拡大することにしたのだと思われる。

③養蚕の規模

王公直：「桑数十株」　A：「数十箔の蚕」　B：「桑の葉一〇〇〇斤」　C：不明

このうちBの桑の葉の量は概数である可能性もあるが、少し計算してみよう。本書七章で紹介した唐代の農書『山居要術（さんきょようじゅつ）』に桑の若木一本当たり三〇斤採れるという記述があった。これ

を参考にすれば若い桑の木三〇本余りで一〇〇〇斤の葉が採れる計算になる。成熟した桑ならもう少し少ない本数でもよいだろう。とすればBのもっていた桑の木は王公直より少ないか、同程度の規模であろう。こうした本数の桑の木をもっていたことからすれば、王公直・A・Bともに養蚕に力を入れていた小農民経営であったことが想定できる。

ちなみに南宋の陳旉（ちんふ）『農書』を読むと、湖州安吉県の一〇人家族の養蚕農家が一〇箔の蚕を

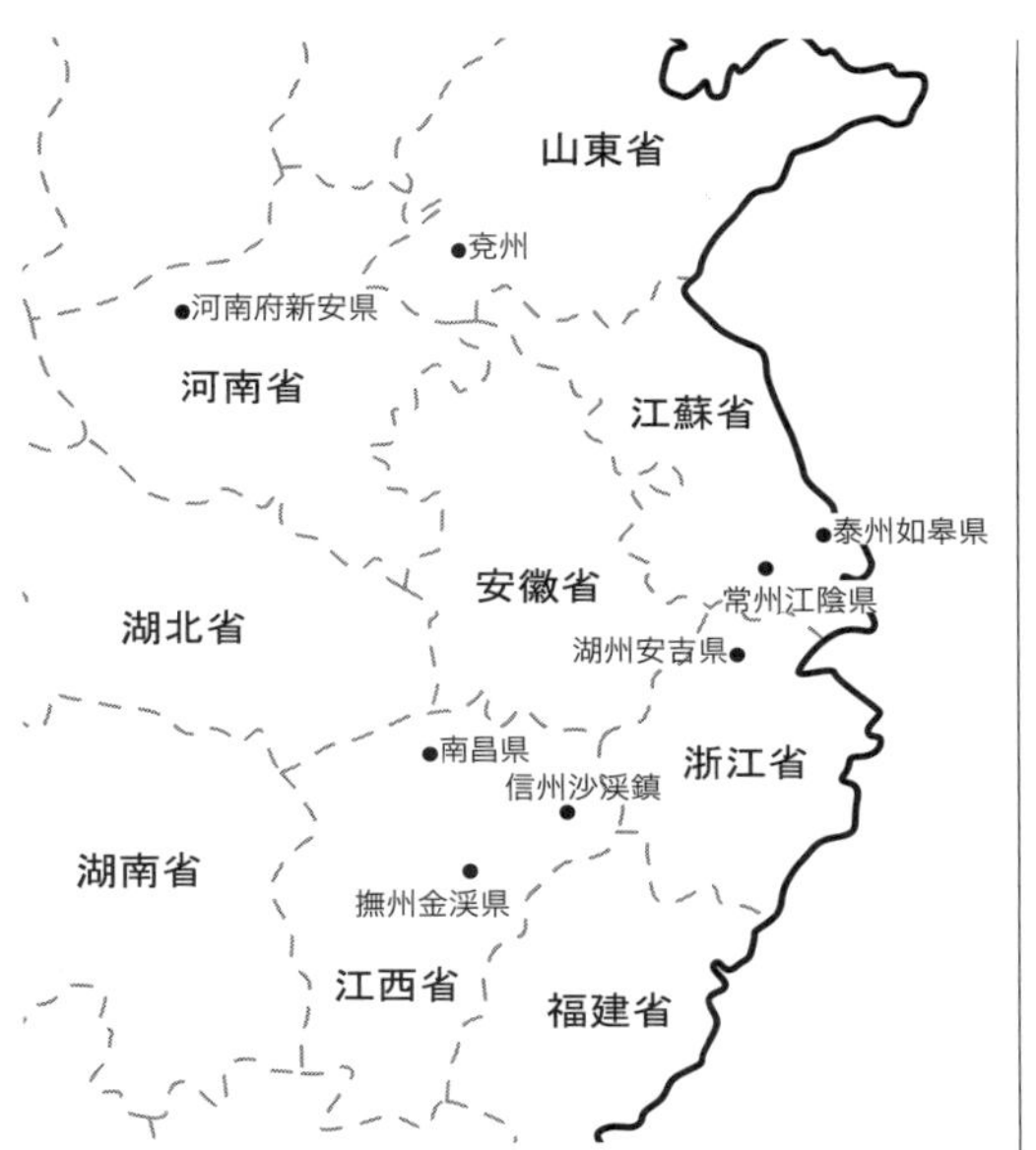

［桑栽培・養蚕関連地図］

飼い、絹を織ることで、稲作農家と同程度の収入を得ていたと書かれている（巻下「種桑の法篇」）。これはかなり大きい収益で、養蚕専業農家として自立できる規模である。ただこの記事には一枚の箔の大きさが書かれていない。また王禎『農書』にも箔の図や解説があるけれども、その大きさについては述べられていない（農器図譜集之十六）。おそらく標準となる大きさはなく、養蚕農家の条件に応じて作っていたのだろう。したがってAの養蚕規模についても知ることができない。

以上が小説史料の四話からうかがえる特徴である。これが桑栽培・養蚕と農業を経営の二本柱とする小農民経営の実態であり、唐末から南宋の小農民経営の変化であった。ではこれ以後の農業経営の発展の様子はどのようなものであっただろうか。宋代のもう一つの農業経営を確認しつつ、展望してみたい。

五——宋代から明代へ

◈南宋の典型的な小農民経営

『夷堅志』に記載された、具体的な小農民経営の例は、本書の一章で紹介した呉廿九(にじゅうく)の記事である。そこでは田植関係の記述に焦点を絞っていたが、さらに重要な記述があった。読み直してみよう。

紹熙(しょうき)二(一一九一)年春、〔現江西省撫州(ぶ)〕金渓県の民・呉廿九は田植をしようとしていた。その母からいま着ている黒い綈袍(どてら)〔=防寒・寝具用の綿入れ〕を借りようとしていった。「明日は田植なので〔綈袍を〕質に入れて銭を借り、雇用人の労賃と食費にあてたいのだが」と。母がいう。「私は春の寒さがこわいし、明日かならずしも人を雇わねばならないわけでもないだろう。お前の妻は自分の襖(あわせ)〔=秋から春に着る、裏地をつけた着物〕をもっているのにどうしてそれを取り上げないのだい」と。呉は怒ったが引き下がった。その家には桑が十余株あり、嫁と姑が半分ずつに分けていた。そのとき姑が誤って嫁の葉を摘んだ。嫁はこのことを呉廿九に告げ口したので、彼はすぐに母の部屋に入って行き、彼女を引きずり出していった。「私に綈袍を貸さず、そのうえ私の〔妻の〕桑の葉を摘んだ。〔お前は〕ここに住んでいてはいけない。どこかに行って物乞いでもして暮らせ」と。そこで斧でベッドを砕き、敷物をめちゃくちゃにした。……母は明け方になってはるか大空に向かって早く朝が来るよう願った。にわかに鶏が鳴いた。その時は曇っていたが、急に晴れあがった。呉はとても喜び、すぐに三人の農夫とともに田圃にでかけた。母は家に帰ったが、ベッドが壊されているのを見て声をあげて泣いた。その嫁がいった。「昨日は桑の葉の一件で一晩中夫に罵られていた。当分〔どこかへ〕出ていなさい」と。その日の正午、一片の雲が山から湧きおこり、しばらくして煙霧がまわりに立ち込めた。四人は山の麓に逃げて隠れた。雷が鳴り稲妻が走って、しばしの後、また晴れ上がった。三人の農夫はもとのように顔を合わせたが、呉だけはいなかった。探しまわったところ、水田に頭から二尺ほどさかさまに埋まっており、なかなか抜きあげることができなかった。……

（『夷堅支丁志』巻四「呉廿九」）

この話は親不孝者に雷が落ちたというもので、頭から水田に突っ込んで足だけ出している呉廿九の姿は怪奇映画のシーンさながらである。これは『夷堅志』にしばしば取り上げられている、親不孝者へ天罰が下るパターンのひとつである。当時の現実に対して、教戒の意を込めて広く語られていたのであろう。

それはともかく、この話には稲作と桑栽培（おそらく養蚕も）をおこなっている小農民の家族がかなりリアルに描かれている。ここで注目したいのは以下の五点である。

①話の時期は前掲Cとほぼ同じで、舞台は南昌県の南方に位置する撫州である。

②この家族は二世代三人で構成されている小農民家族である。

③夫は稲作、母と妻は桑栽培（おそらく養蚕も）に従事している、二本柱の経営である。

④夫が主体となる稲作の田植は、賃労働者を雇っておこなっている。

⑤母と妻は桑の木の所有権を半分ずつもっており、当然、葉の所有権も半分ずつもっていた。その区分はかなり厳密に認識されていた。これは二人の「妻」の財産権が明確になっているということであり、家父長制の下で妻の権利が確立してゆく具体的な契機を描いている（詳しくは後述）。

この話は前掲の三話を総括しているといってよい内容である。当時の一農家の実態が生き生きと描き出されている。ひとつの典型例ではあろうが、地域的な限定はしておかねばならない。南宋の支配領域はほぼ長江から南であり、政治・経済の重心は太湖周辺から西、鄱陽湖周辺までの地域に置かれていた。呉廿九の一家はその西南の端、撫州金渓県に住んでいた。ちなみにここは二〇一七年九月、私たちが調査した地域である。そのうちの一か所、陸象山（九淵）の墓は小山の上にあったが、その麓には［参考写真］のような低い山と盆地が続いており、豊かな稲作農村の景観を呈していた（『記憶された人と歴史』第二篇第三章）。この地域は南宋時代から農業生産の中心地域を形成しており、稲作に加えて桑栽培・養蚕も盛んになっていたのである。

以上のように、小説史料に描かれた農家は、経営の二本柱をもつ小農民経営であり、南宋にはそのあり方が確立していた。さらにここで注目したいのは経営内容で、呉廿九の話の特徴としてあげた⑤である。家族内の女性の財産権をめぐっては、滋賀秀三氏が家族法研究の一環として詳細に論じていた。それによれば、夫婦の婚姻関係が成立した後、妻の持参財産は夫の管理下に入る。ただし妻の財産の区分は明確だったし、妻としての期間に得た財産（妻名義の財産）も妻のものに区分されていたという（『中国家族法の原理』）。呉廿九の家では桑の木が母と妻の持ち分として区分されており、そこからの収益は母と妻それぞれの財産となっていたのであろう。とすると、一般に養蚕が経営の柱に加わり、絹織物からの所得が増加すれば、妻の労働の価値が高まることになる。それはとりもなおさず家父長の経済的優位性が失われることを意味する。家父長制は形骸化することになり、理念としてのみ生き延びるのである。

ちょっと結論を急ぎ過ぎたかもしれない。ここで明代の史料が語る事実に視点を戻そう。

◈明代の手作り地主経営

明代末期（一七世紀前半）に湖州周辺地域で農業をおこなっていた沈氏は手作り地主経営で、その経営のコツを『沈氏農書』に書き残した。ここには年間を通じた農作業と農業技術が詳述されており、彼の経営の姿を明瞭に見てとることができる。記事の内容は以下の三部に分けて記述されていた。

「運田地法」：水田と畑の管理技術全般で、肥料や労務管理も含むし、桑の栽培も含んでいる。

「蚕務、附録六畜」：桑栽培から養蚕・機織りの技術を述べ、附録では豚などの家畜の飼育法を述べる。

「家常日用」：漬物や調味料の製造法など日常の食生活関連の知識を述べる。

［参考写真］陸象山墓近くの水田風景

重点はいうまでもなく前の二項で、食糧（稲など）と衣料（絹織物）の生産を経営の柱としていた。なかでも女性の機織り労働には注目していた。

「男耕女織」は農業の本質である。ましてやこの地域ではどの家でも絹織物を生産している。その技術は抜きん出ており、朝から晩まで作業する人がいるので、〔織ることができる量は〕はかり知れない。通常、女性二人で毎年絹一二〇疋を織る。絹は一両で通常一銭となるので、銀一二〇両を得ることができる。……（蚕務・第四段）

ここに書かれている「銀一二〇両」の価値はどれほどのものであろうか。沈氏の年間収入の金額を研究した足立啓二氏によれば、「水稲・桑（養蚕と桑販売）・家畜・醸造」の収益合計は三〇三両余りであった（『明清中国の経済構造』）。このうち三分の一以上が「桑」からの収益であり、一四二両余りである。「銀一二〇両」のもつ意味が諒解できる。そうして足立氏は沈氏の経営では稲作よりも絹織物の生産額の方が大きかったことも実証した。

さらに『沈氏農書』を復刻した張履祥も女性労働の役割の大きさを指摘していた。

……〔桐郷県の〕吾が郷の女たちの仕事は、木棉を紡績することと養蚕して綿を作ることが中心である。……女性の働きが勤勉であれば家は必ず豊かになり、怠惰であれば家は必ずや没落する。まさに男性の働きと同じである。……

（『補農書』総論第七段）

ここに述べられているように、かつて衣料の生産は女性がおこなう「副業」の位置づけだったが、明代末期には本業たる食糧生産と同じか、あるいはそれ以上の役割を担っていたのだ。太湖デルタ周辺地域の小農民経営はこのレベルまで発展していた。

おわりに――展望と残された課題

以上、少ない史料からではあるが、唐代末期から明代まで七〇〇年あまりの時間的経過のなかで、農家経営の実態を紹介してきた。ここで取り上げた史料は議論の都合に合わせて選んだものではない。農家の実態を描いた史料を探した結果、これらに行きついたのである。そうして記事の舞台は山東省の兗州、河南省の洛陽付近から江南の太湖周辺、さらに鄱陽湖周辺地域であった。もっと時間的、空間的視野を広げて史料を探せば、貴重な発見があるかもしれない。それは今後の研究の発展に待つこととしたい。

ともあれいずれも農業技術の発達を根底においた農家経営の発展を示す史料群であった。そうして繰り返すまでもなく、養蚕部門の拡大が特徴的であった。唐代には河南・河北・山東地域が養蚕の先進地域であったが、その技術は長江下流域に広がり、さらに鄱陽湖地域へと拡大、普及を続けた。そうして各地の主穀作主体の農業経営を、主穀作と養蚕の二本立て経営へと変質させていった。かつて副業であった養蚕部門は、明代末期には本業の稲作をしのぐほどの、確固とした地位を築いた。

江南の農業は、日本と同じく稲作が主体だと思われがちだが、本書でみてきた地域では養蚕・

絹織物などの商品生産が重みを増し、経営の一方の主軸へと変化していた。また本書では触れられなかったが、棉花・ナタネなど商品作物栽培の展開も並行して進んだ。こうした農業経営の変化を目の当たりにした知識人・官僚たちはこれを〈農業の危機〉ととらえた。いわば稲作中心主義からの逸脱であり、末業の盛行である。だがそれは農民が生き続けるための選択であった。彼らは当時の諸条件に合わせて、たとえば養蚕・絹織物を選んだのである。理念によって「農業」をおこなっていたわけではなかった（大澤「太湖デルタ地域の〈農業危機〉」）。

振り返れば、古代より中国農業の理念は食糧と衣料生産の二本立てであり、それが「男耕女織」の性別分業として表明されていた。農民は穀物栽培と絹・麻織物生産を並行しておこなっていた。しかし漢の文帝（紀元前二世紀）の農業中心主義の宣言以来、生産物の流通とのかかわりは「末業」として議論の枠組みからはずされていた。穀物も織物も生産の側面だけが評価され、その売買つまり流通の側面は隠されてきた。けれども時代の変化のなかで、とくに唐代以降は国家主導の物流が発展し、農業経営のなかに物流の影響が浸透していった。それを端的に表現したのが養蚕、絹織物生産という商業的農業部門の展開である。なぜ絹だったのかというのは大問題であるが、二本柱の農業経営の展開は、重みを増した物流を取り入れざるを得なくなった結果成立したということもできる。この動きは、いうまでもなく生産・物流の中心となっていた地域から顕著になり、その周辺へと拡大していった。養蚕・絹織物は黄河中・下流域から江南へと展開していったのである。本章ではその最先端の部分を垣間見たに過ぎない。研究課題はまだまだ多い。

以上の到達点を踏まえたうえで、本書の議論の限界も述べ、今後の研究課題も展望しておかねばならないだろう。限界とは、本書が掲げた研究対象を「中国史」としたことにはじまる。本書の八章までは、確かに、前近代の南・北中国を対象にして農業技術の発達を追いかけてきた。その意味で本書の八、九割は看板通りである。だが終章で取り上げた農業経営の史料は長江以南の太湖デルタから鄱陽湖周辺地域が主体であった。さらにいえば、そこで議論の中心に据えた農書は陳旉『農書』と『沈氏農書』『補農書』であり、太湖デルタの一部地域の農業経営だった。この地域では、明代に棉織物業が急速に拡大するが、それは取り上げていない。これらの限界があったことは率直に認めておきたい。またここでは北方畑作地帯の史料をあげていない。華北乾地農法の項目で少し触れた、陝西省三原県の富農経営の史料『農言著実』(のうげんちゃくじつ)は取り上げていない。この経営では桑栽培・絹織物部門のような衣料作物についての記述はなく、経営のあり方の基本が江南のそれとはかなり異なっていた。本書で述べてきた二本柱の経営の発展という視点ではとらえきれない経営であり、分析のための別の視点を導入する必要があった。こうした経営をも視野に入れなければ「中国史」とはいえないだろう。しかし畑作地域の農業経営を研究するには、残念ながらまだまだ準備不足である。これは認めねばならない。この問題については新たな分野での研究を続け、いずれ別の機会に論じたいと思う。ここに宿題を明記しておきたい。

ともあれ現代まで、われわれの生活を維持するための農の営みは続いてきた。食糧生産、衣料生産を問わず、それは今後も永遠に持続するし、維持しなければならない。私たちはこの営みとどうかかわるのかが、たえず問われている。

【参考文献】

大澤正昭編著『主張する〈愚民〉たち　伝統中国の紛争と解決法』角川書店、一九九六年
同『妻と娘の唐宋時代　史料に語らせよう』東方書店、二〇二一年
同「太湖デルタ地域の〈農業危機〉」（『中国農書・農業史研究』汲古書院、二〇二四年、第八章。初出二〇二一年）
北田英人「九世紀江南の陸亀蒙の荘園」（論集刊行会編『日野開三郎博士頌寿記念　論集　中国社会・制度・文化史の諸問題』中国書店、一九八七年）
宮澤知之『宋代社会経済史論集』（第三章　南宋勧農論、第五章　宋代農村社会史研究の展開）汲古書院、二〇二二年
長井千秋「南宋時代の小農民経営再考」（伊藤正彦編著『「万暦休寧県27都5図黄冊底籍」の世界』私家版、二〇一二年）
松井秀一「唐代における蚕桑の地域性について――律令制期の蚕桑関係史料を中心に」『史学雑誌』八五―九、一九七六年
佐々木愛編『記憶された人と歴史　中国福建・江西・浙江の古墓・史跡調査記』デザインエッグ株式会社、二〇二三年
滋賀秀三『中国家族法の原理』創文社、一九七六年第二刷
足立啓二『明清中国の経済構造』汲古書院、二〇一二年

コラム2

この上なく〈自由〉な人々よ

本書で何度か触れてきたように、この二〇年ほどの間にかなりの回数、中国を訪問した。いわゆる観光旅行ではなく、大学との学術交流や学会への参加、古墓・史跡と農村の調査旅行ばかりである。これらの旅行で多くの貴重な、あるいは驚くような体験をした。現場では腹立たしいこともあったけれども、いくらか慣れてくると、今回のサプライズはなんだろう、と楽しみにもなった。このコラムでは中国調査旅行からみえてきた、中国の庶民の〈自由〉な生き方、基層社会のあり方について少しだけ書いてみたい。このコラムは研究対象の実像を理解するための覚書のようなものである。

外国を論ずるとき、しばしばその「国民性」が問題になる。これはきわめて大雑把な話で、当てはまる人もいるが当てはまらない人もいる。それを承知の上で〈個人的な感想〉のレベルでいえば、中国人はこの上なく〈自由〉な人々だと思う。これはまさに私個人の体験と見聞から導き出した国民性である。そうしてこの国民性には歴史的背景があるはずだ。とすれば多くの庶民が農業生産に従事するなかで作り上げてきた人間関係が国民性と深いつながりがあることは疑いない。それこそ四〇〇〇年以上の年月を経た経験が中国人の国民性を形成したのである。農業史を研究する以上、こうした国民性をもたらした要因も知りたいところである。ただその前に私が抱いた感覚が普遍性をもっているかどうかを確かめねばならない。この場を借りて中国で見て考えたことを書き、読者の方々のご意見をうかがってみたいと思う。

一

これまでの中国調査を思い起こすと、多くの人にお世話になったが、もっとも身近でお世話になった中国人はチャーターしたバスの運転手さんだった。現地ガイドを別に頼んだこともあったけれど、わが調査団のT氏やS氏が運転手さんと相談して調査地を巡ったことも多々あった。だからバスの運転手さんが私にとっての中国人の代表であり、庶民の日常感覚のようなものを行動でみせてくれる存在だった。私が感じた中国人の「国民性」の大部分は彼らから得たものである。以下の記述は彼らの行動を観察して得られた印象が主体なので、きわめて限定的で個人的なものであることは最初にお断りしておかねばならない。

中国の運転手さんは少し前までは特殊技能をもった専門家のようにみられていた。運転手は中国語で「司機」(中国音ではスージー)だが敬称をつけて「司機先生」、あるいは熟練職人に対する敬称で「師傅」

（音はシーフ）とよばれていた。ここでは「司機先生」つまり「スージーさん」とよぶことにしよう。付け加えておくと、私たちが出会ったスージーさんはみな素朴で無口な、いい人ばかりだった。旅行中、昼食休憩のときなど一緒にどうですかと声をかけると、旅行会社の意向らしくきっぱり断る人もいるし、付き合ってくれる気さくな人もいる。付き合ってくれた人はどの人も食欲旺盛で、赤トウガラシだらけの炒め物などを注文し、インディカの白米にのっけてかき込んでいる。辛くないのかと問うと、額の汗をぬぐいながら、全然辛くないと笑っている。胃腸弱者の私はいつも中国庶民のたくましさを感じたことであった。

二

さて中国人に対して「この上なく〈自由〉な人々」という感覚をもち始めたのは、在職時代の日本での体験からである。四谷に、とある中華料理店がある。かつては昼食や研究会の打ち上げなどで何度も訪れていた。通いはじめのころ、ここでとても美味しい料理に出会い、それ以来、中華といったらこの店にほぼ限定されるようになった。ところがあるとき、何だか前のようには美味しくない料理が出てきたことがあった。和食だと出汁がきいていないような感じだ。おかしいな、今日は味覚が変なのかなと思いながら店を出た。後日、中国人の留学生にこのことを話すと、彼女はこともなげに、シェフが代わったのでしょう、という。中華料理屋ではよくあることです、とも付け加えてくれた。私はそれまで、日本流にしか考えず、料理の味というものは店の味として受け継がれるものだから、そんなに変わるものではないと思いこんでいた。だが、シェフが代わったといわれれば、それもありだと納得する。同じ店ではあっても味はシェフ個人に任せているのである。とすると伝統ある名店は別として、ふつうの店の味はシェフ個人の好みなのだろう。つまり個人の裁量が優先されるのが中国流なのだと記憶に刻んだことだった。中国人は四谷でもしっかりこの流儀を守っていたらしい。

このあと北京の清華大学で開催された中国史の学会に参加した。東アジアと欧米の研究者が集う大規模な学会である。三日間にわたって開催され、毎日、宿舎から一五分ほどだったか、送迎バスに乗せられて大学に通った。北京はあまり来たことがなかったので、窓越しに街並みを観察していて気がついたことがあった。宿舎から大学までの道が毎日違うのである。大学の門を入ってからも、同じ会場に行くのに違う道を通る。ある日など、学内で道に迷ったらしく、スージーさんが学生らしき人に道を尋ねている。そういえばこの三日間、スージーさんは別々の人だった。この日はおそらく大学に入ったことがない人が担当したのだろう。ここで日本だったらと考える。バス会社の事務担当者が、朝の点呼のあと、スージーさんに学内の会場や行き方を教えておくだろうに、と。だが、確かめようはないのだけれど、どのルートをとるのかはスージーさんの裁量に任せられていたのではなかろうか。そうして四谷の料理店での経験とあわせて考えれば、まさに同じ方式である。ここで中国は個人の裁量が優先する社会なのだと確信した。

三

二〇一二年からの古墓・史跡調査ではたびたびスージーさんの個人裁量の現場をみた。私たちはマイクロバスを借り切って、かなり遠距離を移動する。寒いときは日本なら暖房を入れるのが当たり前である。けれども中国では暖房を入れるかどうかはスージーさんの裁量にかかっている。思い返すと、暖房を入れないで走った時間の方が長かったような気がする。というか寒がりの私には、暖房を入れていた時間がほとんどなかったような感覚がある。あるときその理由をそれとなく聞いてもらったら、暖房で窓ガラスが曇るのがいやだとか、バッテリーが上がってしまうのが困るという返事だった。ここにはそもそも客に対するサービスという発想はない。スージーさんあるいは会社の都合で判断するのであり、現場ではスージーさんの裁量である。

それはともかく、二〇一四年三月、江西省北部の鄱陽湖(はよう)を一周する調査をしたときのこと、スージーさんの面目躍如たるできごとがあった。南昌を出発したバスは滕王閣(とうおう)という高層の楼閣を参観したのち、高速道を利用しようと入口への取り付け道路に入った。大きく湾曲した、二車線ほどのゆるい上り坂である。そろそろ高速入口かと思うあたりまで来たとき、なんと向こうから車が下りてくるではないか。ここは一方通行ではないのか、もしかして対向車が道に迷って逆走しているのか、と心配していているうちに対向車とは無事にすれ違った。すると、われらのスージーさんも大きくハンドルを切り始め、Uターンしているではないか。いったい何が起こったのかわからないうちに、もとの一般道

（省道一〇一号）に戻ってしまった。スージーさんに話しかけるのもはばかられるので、車内では真相究明（？）の話題で盛り上がった。その結論は、高速道が事故か何かで渋滞しているのだろう、対向車の動きをみたスージーさんがこれに気付き、自分の判断で一般道に戻ったのだろうということでおさまった。ここでまた日本だったらと考える。高速道に入る前の何か所かには必ず電光掲示板がある。そうして「ただいま事故渋滞中」などと知らせているだろうに、と。ここではそんな設備などまったく眼にしなかった。果たしてこのスージーさんの判断は吉と出るのか、凶と出るのかにみな注目していたのだが……。結果は（おそらく）凶と出てしまった。

省道に戻って一時間ほど走っただろうか、鄱陽湖に流れ込む贛江（かんこう）のデルタ地帯を横断し、バスの進行方向が北に向いてしばらく行ったところで、渋滞に遭遇してしまった。片側一車線ほどの田舎道である。まわりは低湿田が広がる稲作地帯で、道ばたの用水路ではアヒルかガチョウが泳いでいる。渋滞を抜ける脇道のような道路もまったく見当たらない。バスはほとんど進む様子もないまま一時間以上が経ってしまった。スージーさんもしびれを切らしたらしく、ずっと前方の渋滞の先頭方面までみに行ったが、頭をひねりながら帰ってきた。先頭には到達できなかったらしい。どうにもならないという顔である。われらにだってどうしようもない。辛抱強く待ったのち、徐々に動きだしたバスは、ついに渋滞の発生地点に到達した。何のことはない、道路の片側車線の半分弱を占拠して道路工事らしき作業をしているのだ。反対車線の隙間を、上・下両方向の車が車体を擦り合うように、押し合いへし合いしながらすれ違っている。渋滞が発生するはずだよ。工事現場には警官らしい人物がいたのだが、なぜかにこにこしながら工事を見守っているだけであった。この事実は既視感ならぬ既読感を呼び起こしてくれた。香川照之氏の『中国魅録――「鬼が来た！」撮影日記』（キネマ旬報社、二〇〇二年）である。香川氏らの撮影隊がつかまった渋滞の先頭では、向き合った車の運転手がタバコを吸っていたという。中国各地で、以前から同じような渋滞が続いていたようだ。ここでまたまた日本だったらと考える。おそらく交通整理の担当者が二人ほどいて、旗などを振りながら交互通行の交通整理をするだろうに、と。そこまでしないまでも、双方の車が譲り合って、もう少しスムースに通り抜けられただろうに、とも。おかげでわれらの調査予定時間がだいぶ削られてしまった。

　この渋滞との遭遇は個人の裁量の問題というよりは、スージーさんの運が悪かっただけだ。だがこの事態は、強いていえば工事の段取りを決めた業者の裁量がもたらしたものであり、これを管轄する警察署（？）の交通管理の問題に帰する。考えてみれば、警察か地方政府かは知らないが、お上が民間の交通事情など意に介していなかったということなのだろう。さまざまな場面で個人の裁量が意味をもつ社会では、お上というよりは当該部局の担当者個人が自由に裁量する。ここの担当者は民間の渋滞などに余計な手出しをしないことにしているのであろう。

　こう考えてくると中国は上から下まで個人の自由裁量の世界で、個人はそれぞれの責任において行動していることがわかる。金もうけに走ろうが、官僚に忖度しようが、あるいは悪事に走ろうが、それは個人の自由な裁量なのだ。もちろん判断を誤ればきびしく責任が問われる結果にもなる。だがそこまで心配する人はあまりいないようだ。こうした行動パターンを外からみればこの上ない〈自由〉にみえるのである。

そこで思い出したことがある。だいぶ前のこと、知り合いの日本人が中国の図書館で史料を探していた。目録カードでようやく探し当てて係員に閲覧を申し込んだところ「没有（メイヨウ）」と断られた。目録にあるのだから所蔵しているはずだと粘ったところ「明日来い」といわれた。どうもらちが明かないようだと考えた彼は、彼を受け入れてくれた中国人の教授に相談した。教授は話をつけておくから明日行きなさいとの返事。再度訪問した彼に、図書館の係員はすぐに目当ての史料を出してくれたのだという。この話は中国の人間関係優先主義つまり人治主義の実例としてしばしば耳にする類の話である。図書館の係員は自分の裁量で動いていたのだが、何らかの人間関係が作用した結果、係員は本来なすべき仕事をしただけのことである。つまり教授は自分の裁量で図書館の誰かを動かし、その誰かはまた裁量で係員を動かしたのだ。個人の裁量が優先される社会では人間関係を積み重ねることによって物事が動くのである。図書館員は史料を貸し出すのが決められた仕事であるけれども、その決まり事よりも人間関係が優先するのである。最近はかなり変化しているようだが、社会の基本的ルールはこのようなものであった。

四

こうした個人の裁量と、日本からみれば放置されているような社会のあり方が変化しているのではと気がついたのは、コロナ禍が近づいていたころだったと思う。あるとき高速道を走っていたが、道路の上の方でチカチカと光っているカメラらしきものが多くなっているような気がした。これは日本でもよくみる交通量の監視カメラだろうと思っていた。だがあるときこのカメラにはもっと重要な意味があるとスージーさんに教えられた。これは交通違反の取り締まりに使うのだという。たとえばスピード違反などをしたとき、自分は気づいていないのに、ある日警察から罰金を納めよという書類が届くのだそうだ。そこには、あなたはいつ、どこそこでスピード違反をしたから罰金を払いなさい、とでも書いてあるのだろう。もしかして証拠写真も付いているのかもしれない。ドライバーは罰金を払わざるを得ない。交通違反の取り締まりはここまで効率的になっていたのである。

同じような交通取り締まりの仕組みをみたのは、二〇一八年か一九年で、福州か温州の、街の真ん中でのことだった。われわれのバスはやや狭い道を通りぬけようとしていた。ところが、道ばたに乗用車が止まっていて通れない。乗用車は狭い道での駐車違反をしているのである。スージーさんは何回か警笛を鳴らしたけれどドライバーは出てきそうにない。そうしてしばらく待っていたが、どうにもならないのではとみんなが思い始めたころ、スージーさんがどこかに電話をかけている。車のナンバーを読みあげているようだった。するとものの五分もしないうちに道路わきの家のなかからドライバーがあたふたと飛び出してきて、すぐに乗用車を移動させた。おかげでわれらのバスは無事に通過できたのだった。あとでスージーさんに聞いてみると、彼が電話をかけたのは警察などの担当機関だという。苦情を聞いた警察は、直ちに車のナンバーからドライバーを特定し、携帯電話に連絡して車を移動させたらしい。あとで駐車違反の罰金も徴収されたのかもしれない。市民の通報にすぐ反応する警察の対応には驚いたものの、細い道を無事通り抜けられて安堵したのも事実であった。だが待てよ、乗用車とそのドライバーはここまでお上に把握されているのだ。さきに書いたように、お上は民間の渋滞などほったらかしではなかったのか。だがいまや、孫文が嘆いた「散沙」である中国人民は、一人一人に携帯電話という首輪をつけられてしまったようだ。むかし古代史で論争になった「個別人身支配体制」論があった。二十等の爵位を与えることで、人民の序列をつけたという議論である。その実証にはいささか無理があったけれど、いまやこれが可能になった。現代の通信技術の発達は、中国史上はじめて「個別人身支配」を実現させたことになる。

以上が調査旅行での私のささやかな経験である。スージーさんの行動を通して、この上なく〈自由〉な中国人の行動パターンを確認することができたし、現代の政府が彼らを統治する技術を手に入れていたことをうかがい知った。ひるがえってわが日本ではどうかといえば、かなり似たような状況になりつつあるのではないだろうか。政府やマスコミは中国政府の独裁的体質を批判することに熱心だが、実は裏で中国流の統治法を学んでいるようにもみえる。このところのマイナカード騒動はその第一歩か第二歩かのような気がしてくる。いわゆるデジタル化の美名のもとに、われらの個人情報が未曽有の危機に瀕しているのではないのか。これはあくまで〈個人の感想〉に過ぎないのだけれど。

あとがき

本書はすべて書き下ろしである。手元のメモをみながらここまでの経過を振り返ってみると、次のようであった。二〇二三年四月末に着手し、記録的な酷暑や思いもかけない珍事の出来など、種々の困難があったものの、年末までになんとか主要部分を書き上げた。既発表の論文などを下敷きにしていないので、必要な史料の確認・補足や全体構成の組み換えなどに意外に手間がかかってしまった。そうなるとどこかで報告して、最終確認をしてみたくなる。文章を書いているときは問題を感じないのだけれど、口に出して話してみると思いがけないミスや論旨の飛躍などがみつかることがある。そこで、専任研究員となっている（公財）東洋文庫が「東洋文庫アカデミア」という講座の担当者を募集していることを思い出した。すぐに担当の相原佳之さんに尋ねてみたところ、こころよく開講を勧めていただいた。そうして一月二〇日から五週連続の講座を開くことになったが、「大地からの中国史」というテーマでどれだけの人が集まるか心配だった。いざふたを開けてみると、顔見知りも含めて受講生は六人。開講できるぎりぎりの人数だった。

みなさん熱心に講義を聞いてくださり、鋭い質問も出された。これをもとに何か所か史料を補足し、文章を書き改めることができたのはありがたかった。何よりも、受講者の方に農業史の話が楽しかったといわれたことは大きな励ましになった。最終日の打ち上げは、いうまでもなく大いに盛り上がった。こうしておおまかに仕上げた原稿を、さきに拙稿を出版していただいた東方書店の家本奈都さんに送ってみたところ、出版しましょうという、ありがたいお返事をいただいたのだった。いつものことながら拙著の出版にあたってはたくさんの人にお世話になってきた。今回もまた出会いに恵まれたことに心から感謝しています。

さて本書を書いてみようと思った動機についてである。振り返ってみると、昨年来、自分の研究の「閉店セール」第三弾として、これまで発表してきた農業史関係の論文を整理し、一書にまとめる作業を進めていた。その作業に一区切りがつき、『中国農書・農業史研究』として出版の見通しは立っていた。そんなとき、はたと気がついたことがあった。専門家向けに研究成果を発表するのは研究者として当然の責務だけれども、一般の社会人あるいは学生に理解できる本を書くことはもっと大きい責務なのではないか、と。かつて読んだ井上ひさし氏の至言に「むずかしいことをやさしく、やさしいことをふかく、ふかいことをおもしろく、……」というのがあった（劇団こまつ座機関紙『Ｔｈｅ座』）。これは物書き一般に通用する理想だろうが、何らかの研究に従事している人間にとってもきわめて大切な努力目標だろうと、そのときは思っただけであった。だがわが身を振り返ると、こうした成果のなんと心細いことか。たとえば、自分の子や孫たちがある程度成長したときに読ませられるような本をどれだけ書いただろう。『名公書判清明集』研究と女性史研究での一般向けの本（『主張する〈愚民〉たち』『妻と娘の唐宋時代』）をなんとか書きあげたけれど、本来の専門分野である農業史研究では何も書いてこなかったのだ。

その理由を考えてみると、農業史研究という地味な分野は一般の人から興味をもってもらえないだろう、人間ではなくモノの研究だから共感できる物語があまりなく、とっつきにくいのでは、などの思いこみがあった。さらに、農業史研究は歴史学においてはきわめて重要な分野だと考えているものの、それを一般向けに解説するのはやっかいな作業だろうと、怠惰な私は勝手な口実をもうけていたのだ。だが去年、なんの断わりもなしに、お前は「後期」だか「末期」だかの高齢者だとレッテルを貼られた。秋には「敬老祝い」なるものも送られてきた。余計なお世話だという思いをもったけれど、少し前から歳をとったという自覚はあったし、両親があの世へ旅立った年齢に近づいてもきた。となると健康寿命が残されているうちに、自分が生きた証しである研究の成果を「やさしく、おもしろく」書くべきだと考えるようになった。そうして取り組んだのが本書である。まずは旧著『陳旉農書の研究』『唐宋変革期農業社会史研究』と新著『中国農書・農業史研究』の原稿を引っ張り出し、それらに引用した史料をわかりやすく訳し直し、章立ての構想を練りはじめた。

そのうえで叙述法を模索したが、やはりさきの『妻と娘の唐宋時代』の方法を採用することにした。この本は一般の社会人や高校で教職についているゼミの卒業生のみならず、中国文学など他分野の専門家の方にも高く評価していただいた。まったく予想していなかった、ありがたい反響であった。それはおそらく小説史料の使い方や中国史に対する視点などで、あまり類をみない本だったからであろう。そこでこの本も同じ叙述法をとることにした。つまり、一章ごとの紙数を少なくして論旨を明確にすること、および史料に語ってもらうことである。語り手はいわゆる農書が主体にならざるを得ないが、それを補助する形で小説史料、その他を挟みこみ、モノと人間のかかわりあいが浮かび上がるように工夫してみた。またこれまでの研究論文では取り入れられなかったテーマや、かつて使う機会がなかった手元の史料も積極的に活用することにした。したがってこの本は、ある意味では私が使ったことのない史料と新しい論点の提示をも含んだ研究成果である。ただ、簡潔に叙述し、史料に語ってもらうことに力点を置いたため、先行研究の扱い方には配慮が足りなかったかもしれない。あげるべき研究の提示が十分でないと指弾されるかもしれないが、この点はただただご諒解いただかねばならない。

ところで、ふつうの歴史は人と人との関係を考えるもので、そこには矛盾や葛藤が描かれていて、なんらかの物語が生まれる。だが農業史では人とモノの関係が主軸になるので物語は生まれにくい。本書の叙述を読み返してみると、文章が下手なのはお許し願うとして、やはり物語性が足りないのを痛感する。この点、小説史料を取り入れることでなんとか補おうと考えたが、無駄なあがきだったようだ。そこで開き直って、農業史というのは理系との境界領域で、事実を描くことが大事なのだと勝手に納得することにした。そうしてあとは読者のみなさんのお好みに任せるしか方法がない。最後まで本書をお読みくださった方はどのような感想をもたれたであろうか。そっと教えていただければこのうえなくありがたいことです。

最後になるが、このような本を仕上げられたのは、中国農業史研究会でいっしょに農書を読み、討論してきた友人たちのおかげである。ここに記して感謝の意を表したい。この研究会では明・清時代の農書に取り組むことで、それらの理解が深まるとともに、時間的な視野を広げることができた。また、中国での現地調査を実施でき、農書からは得られない、農業現場の空気を体感することができた。これも研究会のおかげである。そうして得られた成果のいくらかは本書に反映できたと思う。歴史研究が個人の営為であることはいうまでもないが、集団での研究も大きな意義をもっていることを再度確認している次第である。

最後の最後で恐縮ではあるが、本書の編集に携わっていただいた家本さんには心からのお礼を申し上げます。校正の過程でご指摘いただいた箇所は私の迂闊さのせいでもあるけれど、実は大きな研究不足の点もあった。「冷や汗三斗」の思いで穴埋めしたのだが、この指摘がなかったらと思うとぞっとしている。

ともあれ、本書によって学生や一般の読者の方々に中国農業史の大枠と現在の研究状況とを、いくらかなりとも知っていただければ幸いである。また、本書のどこかに興味をもっていただき、自分でもこんな分野の研究をしてみたいと考える方が出てこられれば、著者としてこの上ない喜びである。

二〇二四年醸成月　武蔵国大久保村　愛日書屋にて　著者記す

農の隣にて　　　杜人撰

早苗田の畦に腕組む男ゐて
千年の風の足跡麥若葉
薹立ちて天下睥睨諸葛菜
新茶とや時時とまる砂時計
幽谷に吸ひ込まれゆく蕎麥の花

東方選書 64

大地からの中国史
史料に語らせよう

二〇二五年一月三一日　初版第一刷発行

著　者……………大澤正昭
発行者……………間宮伸典
発行所……………株式会社東方書店
東京都千代田区神田神保町一―三　〒一〇一―〇〇五一
電話（〇三）三二九四―一〇〇一
営業電話（〇三）三九三七―〇三〇〇
基本フォーマット…鈴木一誌
ブックデザイン…吉見友希
組版……………大連拓思科技有限公司
印刷・製本…………(株)シナノパブリッシングプレス
定価はカバーに表示してあります

ISBN 978-4-497-22501-6 C0322